导弹装备性能质量状态评估预测理论与技术

刘小方　姚春江　周永涛　著

国防工业出版社
·北京·

内 容 简 介

本书针对复杂导弹系统性能质量形成与变化特点,在构建复杂导弹系统性能质量评估框架模型的基础上,分别阐述了导弹装备参数、单机、整弹以及批量导弹的性能质量评估预测理论与相关技术,介绍了导弹装备全寿命周期生产、使用、整修阶段的性能质量评估模型,并结合导弹装备管理工作实际需求,分析了导弹装备性能质量评估软件实现的设计思路、主要功能与关键技术。

本书可作为从事导弹装备、复杂系统装备管理、质量研究领域工程技术人员的参考用书,也可作为相关高等院校军事装备学、兵器科学与技术等学科的研究生辅助教材。

图书在版编目(CIP)数据

导弹装备性能质量状态评估预测理论与技术/刘小方,周永涛,姚春江著.—北京:国防工业出版社,2019.6
ISBN 978-7-118-11948-0

Ⅰ.①导…　Ⅱ.①刘…　②周…　③姚…　Ⅲ.①导弹系统-系统性能-质量评价-研究　Ⅳ.①TJ760.6

中国版本图书馆 CIP 数据核字(2019)第 195346 号

※

国防工业出版社出版发行

(北京市海淀区紫竹院南路 23 号　邮政编码 100048)
三河市众誉天成印务有限公司印刷
新华书店经售

*

开本 710×1000　1/16　印张 10½　字数 185 千字
2019 年 6 月第 1 版第 1 次印刷　印数 1—1500 册　定价 42.00 元

(本书如有印装错误,我社负责调换)

国防书店:(010)88540777　　　发行邮购:(010)88540776
发行传真:(010)88540755　　　发行业务:(010)88540717

前　言

作为精确打击武器的导弹装备,其质量事关战争胜负、事关官兵生命、事关安全稳定,对导弹部队战斗力形成与提高具有重要影响。准确掌握导弹装备性能质量状态,对于战时作战规划科学决策、提高部队快速反应能力、充分发挥装备效能、平时装备精细化的管理、装备保障指挥决策以及新型号装备发展都具有非常重要的作用。

导弹装备的特点是"长期储存,定期检测,一次使用",通过评估知道当前的性能质量状态固然重要,若能够在评估基础进一步预测其性能质量状态的变化则对于免测试作战运用、装备建设规划计划、装备采购、装备维修等工作更有意义。

对于现役导弹装备而言,军方所关心的是两个时间点、一个阶段的装备质量,即研制生产后和整修延寿后交付部队使用时的质量、基层部队现役使用阶段的质量。三者各有特点,生产阶段是装备质量形成的过程,现役阶段是装备质量逐渐退化的过程,整修延寿是装备质量再提升的过程。彼此之间具有传承性,生产质量是装备现役质量退化的起点,整修质量是装备现役质量退化到一定程度后的再提升,同时又是装备再服役后质量退化的起点。三者的质量信息与评估应当一体化管理,才能充分发挥装备性能质量信息与评估结果的作用,运用诸如大数据技术发现单一阶段质量信息难以反映的质量规律与特点,为装备作战运用、采购、管理、新型号研制提供更有价值的信息。

由于导弹装备自身功能结构复杂、评估过程复杂、评估技术复杂、评估决策复杂,准确掌握导弹装备性能质量状态需要解决诸如海量数据处理、多源异构质量信息融合、多层级子系统综合等难题。目前,现有的导弹装备性能质量状态评估理论不完备、手段与方法滞后,难以满足作战使用对装备质量精细化管理的要求,不利于首长、机关和部队精确了解导弹装备质量状态,增加了作战决策和装备保障的风险。

本书在分析、构建复杂导弹系统性能质量评估框架模型的基础上,系统阐述了导弹装备参数、单机、整弹、批量导弹的性能质量评估预测方法与相关技术,以及评估软件系统开发相关问题,为有效解决不同型号导弹装备性能质量状态评估预测难题提供指导,为实现导弹装备性能质量状态评估信息化提供了有益的借鉴,对于战时导弹作战规划的科学决策、提高部队快速反应能力、充分发挥装备效能,平时导弹装备精细化的管理、保障指挥决策以及新型号导弹装备发展都具有非常重要的使用价值和理论意义。

国内目前尚无有关导弹装备性能质量状态评估方面的专著。当前已出版的项目评估预测方面、质量管理方面的书籍普适性强,难以解决类似导弹装备这类复杂系统产品评估方面的问题。本书突出特色在于理清复杂导弹装备系统性能质量评估的思路,针对不同层次的评估对象及其评估问题的实质,分别阐述相应的评估预测方法,思路清楚,易于理解,并且注重部队装备管理、作战运用的需求,提炼部队评估经验上升为理论,介绍部队所关心的不同评估对象的方法以及开发评估软件系统的相关问题,实用性强。本书的内容同样对其他复杂装备系统如飞机、舰艇的性能质量状态评估也具有重要参考价值。

本书由 9 章组成:第 1 章介绍导弹装备性能质量相关概念及特点,评估的基本理论问题,以及目前国内外导弹装备评估预测现状;第 2 章介绍导弹装备质量等级标准界定,作为复杂系统的导弹装备分层次评估思路与框架;第 3 章介绍导弹装备质量评估所利用的信息种类、评估标准、标准化处理模型,着重介绍导弹装备测试参数信息的"五性"处理方法;第 4 章介绍导弹装备单机子系统质量评估的指标选取、指标权重分配、评估信息融合技术方法;第 5 章以过程信息与测试结果信息相结合的思路介绍导弹装备寿命周期不同阶段生产、在役、整修质量评估的模型;第 6 章介绍导弹整弹系统质量静态与动态评估方法;第 7 章介绍导弹装备基于性能测试参数、单机质量状态指数、实弹发射信息的质量状态预测方法;第 8 章介绍批量导弹装备质量优化组合与统计分析方法;第 9 章介绍导弹装备性能质量评估软件的设计思路。

本书由刘小方、姚春江与周永涛编写,刘小方负责第 1~7 章的写作,姚春江、周永涛负责第 8、9 章的写作,全书由刘小方统稿。在本书写作过程中,研究生代海飞、孙潮、黄睿协助部分工作,同时骆民、张前征、陈桂明、毕义明、孙海洋、李钢、王强等领导和专家提出宝贵意见、给予指导,在此一并表示感谢。

导弹装备质量评估预测是其运用与管理中一项重要课题,在此仅从性能质量角度进行了探讨,尚有通用质量特性评估、综合质量评估等问题有待进一步研究。由于作者水平有限,书中错误在所难免,恳请同行专家与读者批评指正。

作 者

2019 年 4 月

目　　录

第1章 概　　述

1.1　装备性能质量状态相关概念

1.1.1　质量状态评估

1. 质量

国际标准 ISO 9000:2015《质量管理体系基础和术语》对质量的定义是:"一组固有特性满足要求的程度"。

质量代表了一个国家的科学技术、经济水平、管理水平和文化水平。数量型增长转向质量型增长已成为世界经济发展的新趋势。没有质量,数量再多也等于零,既造成社会资源浪费,又没有经济价值。只有提高产品的质量水平,才能增强经济实力,实现可持续发展。所以说,质量是经济增长的必要条件,人们对质量的认识也在不断深化,从不全面、不成熟,逐步走向全面和成熟。

2. 质量状态和质量状态评估

质量状态是指实体满足使用要求的能力和程度,即质量处于何种状态。以装备为例,使用需求大体可分为作战性能、保障性能、时间性能和经济性能等几个方面。其中,作战性能和保障性能一般统称为战术技术性能,由此可见,质量状态具有技术特性、经济特性和时代特性等多重特性。

质量评估是对经统计处理的产品质量信息进行数学计算,从而定量描述出产品质量水平的一种方法。进一步说,对产品是否满足用户的需求,性能是否最佳,是否易于制造和维护,经济性是否合理,是否对生态环境造成危害,风险是否最小等各方面进行全方位、多阶段、多层次的评估。

质量状态评估是综合运用产品各类定性、定量质量信息,融合处理分析,给出产品质量处于何种状态。

1.1.2　装备性能质量状态评估与预测

分析国军标、军语、装备条例等有关质量管理方面的要求与规定,为便于装备质量评估的开展,对装备性能质量状态评估与预测有关概念定义如下:

1

1. 装备质量

装备质量是指装备固有特性满足使用要求的程度。装备具有的特性,包括装备的功能特性、可靠性、维修性、保障性、测试性、环境适应性和安全性等。通常把对所有装备都有要求的可靠性、维修性、保障性、测试性、环境适应性和安全性等称为通用质量特性,将某装备所特有的功能特性等称为专用质量特性。

2. 装备性能

装备性能是指主要通过装备性能参数的测试数据所反映出装备的功能特性。

3. 装备性能质量

装备性能质量是指主要通过装备的当前测试数据反映出装备的功能特性满足需求的程度,隶属于装备专用质量。

4. 装备性能质量状态

装备性能质量状态主要是通过装备性能测试数据所反映,但并不能反映全部。装备生产、使用和整修过程中原材料、加工、储存、运输、维修等因素同样也影响到装备性能质量状态,这些影响必须予以考虑。因此,装备性能质量状态是指不仅通过装备的当前测试数据,而且还包括历史测试数据和生产、使用、维修等因素的影响,所共同反映出装备的功能特性以及功能特性满足使用要求的程度。

5. 装备性能质量状态评估与预测

装备性能质量状态评估与预测是指通过分析有效的性能质量指标因素,对装备的性能质量状态的现状及发展趋势作出判断。主要工作是在分析影响到装备性能质量状态的参数测试数据(主要包括历史测试数据、当前测试数据、人工测试数据及传感器测试数据等)的基础上,兼顾分析生产、使用、维修等因素(如服役时间、服役环境、维修情况等),建立合适的数学评估模型,对装备的性能质量状态作出准确的评估与预测,为装备作战使用与管理、保障提供技术支持和决策依据。

1.2 导弹装备及其性能质量特点

1.2.1 导弹装备特点

导弹装备是一个复杂的武器系统,具有结构高度复杂、功能高度完善、自动化性能高度集中等特点,各个组成部分虽分工不同,但具有千丝万缕的联系,彼

此相互影响,可以视为一个大型的多层次结构系统。复杂导弹武器系统具有如下主要特点:

1. 组成复杂

在研制复杂导弹武器系统的过程中,涉及了多个学科,并且约束性和耦合强度极高,在这种前提下选择最优解,在设计和制造过程中,需要多个种类的设备和分系统,每个分系统又有多个单机子系统组成,单机子系统由各类部件或单元构成,复杂程度高、规模巨大,所以其组成是极其复杂的。

2. 结构复杂

主要表现在:①设备和系统是按照递进式分布的,单机子系统构成了它的各类功能,因此在处理信息和运用功能上,具有并行性,而单机子系统又是由不同的单元构成的;②各单元、各单机子系统组成了整弹系统,因此在整弹系统中,各单元、各单机子系统之间存在着不同的关联性,这种关联性有强有弱,但即使是较弱的关联性对于整弹系统的影响也有可能是决定性的,因此在研究过程中,可以根据这种关系将整弹系统进行分解,使分析研究更加简单;③整弹系统由单机子系统组成,而单机子系统又是由不同种类的单元或部件组成,因此不同的单机子系统所具有的结构和功能也是不同的。

3. 参数众多

① 对于复杂导弹武器系统来说,其性能质量状态参数众多,可达数百且特点各异,参数不同其变化规律也各具特点,无法用相同的数学模型来描述不同参数的变化趋势;②由于多信息融合,参数测试数据并不能完全反映导弹系统整体的状态;③参数是具有时变性的,随着时间的变化而不断发生变化,进而导致单机子系统和整弹系统的性能质量状态发生变化。

4. 描述难度大

①单机子系统的特征体现,会随着组成整弹系统而隐藏,这增加了描述性能质量状态的难度,要想描述整弹系统就要重新寻找其他特征,因此可以在系统的组成结构和使用功能方面入手;②对整弹系统而言,不同的描述方式可以使其复杂程度不同,然而要想使描述更加简便,其精确性就不能得到保证,反之,描述的极其精确就不能使其简便;③在有关复杂导弹武器系统的目前研究当中,线性描述被广泛运用,而事实上其性能质量状态变化一般都是非线性的。

5. 开放性

复杂导弹武器系统可以与外界进行各类物质能量信息交换,属于人机系统。一方面,复杂导弹武器系统是人机系统,可以通过改变单机子系统的运行状态来达到维修整弹系统的目的,实现预期的功能;另一方面,系统的外部环境会随着时间的推移而改变,这也会影响其性能质量状态。

6. 寿命周期长

复杂导弹武器系统在研制生产过程中具有成本高、周期长的特点，所以要使其长期保持良好的性能质量状态，最大限度发挥作战效能，必须通过常规维护和定期整修来延迟退役报废时间。

7. "长期储存，定期检测，一次使用"

复杂导弹武器系统具有使用特殊性，也就是说一般是长期储存，定期检测，通过维修保养来保证其性能质量状态，但不同于其他装备的是，导弹只能发射使用一次，因此实弹发射时的各类数据信息对于其性能质量状态的预测来说具有很大的研究价值。

1.2.2 导弹装备性能质量状态退化特点

导弹装备是由许多单机子系统、分系统、部件、元器件组成的复杂系统，其性能质量状态退化通常是由低层次单元产生，并逐渐引起高层次或同层次单元性能质量状态发生退化，最终导致整弹系统的性能质量状态退化，作战效能也会受到极大影响。

分析复杂导弹武器系统性能质量状态退化过程，具有以下特点：

1. 具有层次性

一般来说，复杂导弹武器系统的结构具有多层次模块化，其退化过程的层次性是由系统组成结构的层次性决定的，也就是说复杂导弹武器系统最终的故障必然是由其低层次单元性能质量状态退化导致的，这可以看作是复杂导弹武器系统性能质量状态的纵向退化。该特点为复杂导弹武器系统性能质量状态评估提供了一个有效方法，也是整弹系统性能质量状态评估的一种重要思想，即可以把结构复杂的整弹系统进行分解，得到简单的可测试单元，然后进行定量分析。

2. 具有相关性

构成复杂导弹武器系统的各单机子系统之间具有千丝万缕的关系，彼此相互依存又彼此相互制约。一个单机子系统性能质量状态的退化可能会引起与它相联系的同层次某些单机子系统的性能质量状态也逐渐退化。这可以看作是复杂导弹武器系统性能质量状态的横向退化。这个特点也表明，复杂导弹武器系统中任何一个单机子系统的性能质量状态不能离开整弹系统去评估，各单机子系统之间的相互影响关系也不能离开整弹系统去考虑。

3. 具有多发性

一般来讲，复杂导弹武器系统性能质量状态退化过程中，一个单机子系统的性能质量状态退化会影响多个分系统，多个单机子系统性能质量状态退化会共同影响一个分系统,也就是不同层次不同单机子系统具有多发性。这种多发性既可以表现在纵向退化上,也可以表现在横向退化上。

4. 具有时间性

复杂导弹武器系统性能质量状态退化是一个由量变到质变的过程,即开始于某一低层次单机子系统的轻微性能退化,最终直至整个系统故障。也就是说,复杂导弹武器系统性能质量状态退化具有时间性。

1.3 导弹装备性能质量评估的目的与意义

装备作为军队现代化建设的硬件基础,代表着国防科技发展水平,是军队战斗力提升的重要标志。因此,装备性能质量的好坏,影响到国家整体军事实力,甚至决定着战争的胜负,直接关系到部队生死存亡。准确掌握导弹装备性能质量状态,对于战时作战规划的科学决策、提高部队快速反应能力、充分发挥装备效能,平时装备精细化的管理、装备保障指挥决策以及新型号装备发展都具有非常重要的作用。

毋庸置疑,准确地掌握导弹装备性能质量状态、搞清楚哪些导弹"能打仗、打胜仗"对于导弹部队首长、机关科学决策从而充分发挥导弹武器作战效能具有非常重要作用。在以多军兵种联合作战为主要作战样式的未来局部战争和我国周边局势不稳定因素逐渐增加的大背景下,导弹部队在未来战争和突发事件中担负着首轮波次的打击任务,要起到"首战用我、用我必胜"的拳头作用和有效应对可能的紧张局势,对了解和掌握导弹装备性能质量状态提出了更加紧迫的需求。在当前联合作战条件下导弹部队使用大批量导弹整建制发射、打击敌方要害,这就要求必须掌握批次导弹整体质量状态而不仅仅是一枚导弹的质量状态,从而对突击火力运用进行科学决策、有效地提高部队作战反应速度。

准确地掌握导弹装备性能质量状态是提高导弹装备精细化管理水平和装备保障指挥决策的现实需求。导弹装备性能质量状态直接影响着装备的整修延寿时机与规模、装备使用与调配、新装备采购规模与时机、备件采购种类与数量、装备经费使用规划计划等方面的决策。准确地掌握导弹装备性能质量状态,可以更加合理地动用、使用、调配装备,保持装备整体质量最优;科学地决定装备整修延寿的时机与规模,充分挖掘装备的使用价值;恰当地确定新装备补充的时机与规模,保持整体规模最优;科学确定装备备件种类与数量,避免资源浪费;更加合理地控制装备经费的投向,使有限的经费发挥出更大效益。

目前,现有的导弹装备性能质量状态评估理论不完备、手段与方法滞后,难以满足作战使用对装备质量精细化管理的要求,不利于首长、机关和部队精确了解导弹装备质量状态,增加了作战决策和装备保障的风险。主要表现在以下三个方面:

(1)评估手段落后。目前除个别型号外,大部分型号导弹质量评估依赖于少数有经验的操作使用人员和技术专家,人为因素强,没有十分明确的判定依据和固化成果,缺乏科学性和传承性,普遍推广的可操作性较差;缺少自动化、智能化评估手段,评估工作量大、时间长,准确性难以保证,在未来的大规模作战时,不适宜于大批量导弹装备投入使用时的性能质量状态评估,难以为首长、机关作战运用和装备保障决策提供有效的支持。

(2)质量信息有效利用率低。导弹装备在研制生产阶段和使用阶段的测试、操作、使用、训练、维护保养和大中修过程中积累了大量与质量相关的信息,但是由于这些信息分散存储、管理,存储形式有纸质、电子,缺乏互联互通手段,难以整体分析,即使在一个单位也没有有效的管理与分析,导致数据信息在导弹装备性能质量状态评估中没有发挥其最大的作用,影响到评估结果的准确性及其应用。

(3)评估理论不完备。导弹装备寿命周期不同时间点影响性能质量的因素、能够获得的性能质量信息种类完全不同,决定了其寿命周期不同时间点性能质量状态评估模型、评估方法也是不相同。在全寿命周期内,军方所关心的三个时间段内的性能质量,即研制生产的性能质量、现役质量保证期内的性能质量、整修后的性能质量,都需要针对各自的质量信息数据、特点研究建立合理的评估模型,尤其是现役质量保证期内、整修后导弹装备质量性能评估难度更大,缺乏前期研制生产阶段质量信息的有效支持,尽管目前有海量的管理、测试信息数据,但大部分处于休眠状态、没有挖掘出有价值的信息。

导弹装备研制生产质量、现役质量、整修质量三者之间具有传承性,其信息与评估应当一体化管理,才能充分发挥装备性能质量信息与评估结果的作用,为装备采购、装备管理、新型号装备研制提供更有价值的信息。目前,这些质量信息与评估工作还是分部门、分阶段管理,有必要借助当前装备信息化建设的潮流,构建导弹装备全寿命性能质量评估平台,奠定各型号各部门性能质量信息交流与质量评估的基础环境,为搭建各自型号的评估应用系统提供便利,进而为首长领导机关作战与管理决策、基层部队装备管理与使用提供技术支撑。

因此,为了有效解决在准确掌握导弹装备性能质量状态方面存在的问题,从而为首长、机关、部队了解导弹装备全寿命周期内的性能蜕化到什么程度、能否继续使用、还能使用多久、如何去运用等关系到作战决策与部署、装备管理与保障的几个关键问题,适应多军兵种大规模联合作战、新军事斗争任务和当前形势的需要,开展导弹装备全寿命性能质量评估理论研究及评估平台开发工作是非常必要、非常适时和非常迫切的。

1.4 导弹装备性能质量状态评估的基本问题

1.4.1 评估复杂性

导弹装备性能质量状态评估的复杂性表现在以下几个方面:

1. 装备系统自身复杂性

(1) 系统庞大:导弹装备组成要素的数量庞大,所要评估的对象也十分庞大,从各类型参数、单机、整弹直至大批量导弹,只根据少数要素对导弹武器系统性能质量作出评估,是难以令人信服的。

(2) 组成系统要素关系复杂:组成导弹武器系统要素数量众多,要素之间的关系复杂,有相互矛盾的,有相互依赖的,这些问题都为导弹武器系统性能质量评估带来困难和复杂性。

(3) 指标类型众多:导弹装备性能指标的类型多主要指两个方面:一是评估指标同时存在定性指标和定量指标两大类,需要建立不同的指标值计算方法;二是指标的量纲不同,如有电流、电压、电阻、时间、压力等类型指标,大至上万,小到千分之几,只有对不同度量指标进行适当处理,才能评估过程发挥应有的作用。

2. 评估过程复杂性

由于导弹武器装备系统的复杂性,在其性能质量评估过程不但要考虑对导弹武器装备系统能够作出评估,即评估过程的可行性,还要尽量充分利用导弹武器装备系统所反映出来的各种信息,以便对其作出客观、公正、合理的全面评估,以提高系统评估结果的适应性。从评估结果的适应性来说,评估过程所选用的指标体系越全面,评估结果的可靠性越高;同时,采用的信息量越大,评估结果的可信度越高。但这种涉及范围广的指标体系和大容量的评估信息,又必然带来指标值计算的困难性和复杂性,同时,也可能出现指标信息所反映的侧面出现重复现象。例如,装备储存环境与使用强度对性能的影响,对其测试值有所反映,但并不能全部反映这种影响。所以,导弹武器装备系统性能质量的评估问题是一个非常复杂的过程,它本身就是一个复杂的系统工程。

3. 评估系统复杂性

由于评估对象本身及其评估过程中的复杂性,仅凭借人们的主观判断或进行简单的计算就作出正确的评估和判断已经不可能实现。当前导弹武器装备系统性能质量评估的研究涵盖了自然科学、社会科学、系统科学、计算机科学、工程技术等各个方面。这样的系统评估必须建立一套指标体系合理、指标计算值正确、指标之间的相互关系明确、评估方法科学合理、实际操作简单易行的计算机系统及方法体系,这种计算机系统和方法体系就是评估对象的评估系统。这种评估系统的建立是一个非常复杂的过程,同时也需要各方面的专门人员共同努力才能够建立起一个可行的评估系统。

4. 评估决策复杂性

评估系统对导弹武器装备系统作出评估以后,只能说是完成了系统评估第一步,更重要的工作是要根据评估的结果对导弹武器装备系统的运行状况作出决策。如果只有评估结果而没有决策的评估是没有用的评估;同样,没有评估的决策(当然是指只有评估后才能够作出决策的问题)是盲目的决策。由于在评估过程受评估环境及当前科学技术发展水平的影响,在评估过程中可能某些问题与实际结果有一定的差异,这就需要决策者在根据评估结果作出决策时进行全面的分析,以使决策结果更符合自身的特点。

另外,类似导弹武器装备的复杂系统问题研究过程中,寻找系统的"最优解"是非常困难的,有时甚至是不可能的。所以,在系统科学中,研究者往往不是寻找系统的"最优解",而是寻找系统的"理想解"或"合理解",这已为广大的系统科学工作者所认同。现实生活中这样实例比比皆是,存在着"有效的,并不一定是先进的"之说。这些都是需要决策者在根据评估结果作出决策时认真对待的问题,也充分说明了决策过程的复杂性。

1.4.2　评估的理论基础

1. 系统科学基础

由于导弹武器装备系统性能质量评估是对一个特定评估对象的运行效果作出评估,而其运行效果又受到包括自然、环境等诸多因素影响,对其作出可行的评估必须要统筹考虑这些因素的影响。所以,系统科学是导弹武器装备系统性能质量评估的重要基础,这种评估必须建立在系统科学的基础上,只有树立起系统科学的观点,才能建立起切实可行的评估系统和评估方法。系统科学在导弹武器装备系统性能质量评估过程中的重要性主要体现在两个方面:一是所评估对象本身就是一个特定的系统,所以需要了解系统的有关理论;二是建立评估系统的过程是一个复杂的系统工程,也需要系统科学的理论来指导。

导弹武器装备系统性能质量评估问题是一个典型的、开放的复杂大系统,即其子系统种类很多,并具有层次结构,子系统之间的关联、关系又很复杂,又是开放的系统。在评估过程中必须认真研究系统"要素"与系统"环境"之间的关系，认真分析各要素对系统的贡献，分析研究过程中必须采用定性和定量相结合的集成方法，同时，所评估的对象又由许多要素或分系统组成。因此，系统工程理论与方法是必须考虑应用的。

系统工程侧重于研究系统的组织和发展，是系统科学应用的重要载体。单从字义上来看，系统工程有系统和工程两个方面，既要从系统看工程，又要从工程看系统。从系统看工程，是指用系统的观点和方法去解决工程问题。当然，这里所指的工程是泛指的，不论是系统的组织建立、系统的经营管理，还是系统的更新评估，都可统一地看成是工程。从工程看系统，是指用工程的方法去建造系统。这两方面的结合，就使传统的工程增加了内容，把系统观点和工程方法融为一体。

系统方法主要是指系统分析与系统设计方法，其中包括系统模型与优化方法、预测和决策方法、系统的评估方法等。工程方法是处理工程问题的科学方法，包括构思(结构与原理)、原则(技术的、经济的、政治的、社会的等)、计算(输入、输出和反馈)、决策(对特定作出的判断)等环节。用系统思想作指导，以系统方法和工程方法为工具，使待解决问题的方法更加合理、更加完善、更加科学和更加有效。

1) 系统工程的综合性

从系统工程与一般工程的区别上来看，系统工程具有高度综合性，主要表现在以下三个方面：

(1) 研究对象的综合性。一般工程(如机械工程、电气工程、土木工程、采矿工程等)有它自己特定的事物对象，而系统工程不能把它的研究对象局限在某一特定的范围，它可以把机械、电气、采矿等作为研究对象，也可以把自然现象、社会现象、经济现象、生态群体、企业组织等作为研究对象。

(2) 应用学科知识的综合性。这与研究对象的综合性有关，它不仅如同一般工程学那样，应用数学、物理、化学等基础自然科学，而且对控制论、信息论、管理科学、某些工程技术学科，甚至医学、心理学、社会学、经济学、法学等知识也要用到。综合运用各类学科知识，是为了达到给定的系统目的服务的。

(3) 考核效益的综合性。一般工程学较多着眼于技术合理性，如技术性能、结构、效率等，而系统工程则是从总体的最优出发，考虑功能、组成、协调、规划、效果等组织管理性质之类的问题，尤其是要考虑社会效果问题，如社会各方面的利益、污染问题、能源、资源问题等。

2) 系统工程的组成

从系统工程学的组成看，它包括以下三个方面：

（1）系统思想或系统观点。这是在掌握前述系统概念、系统特征的基础上，将研究对象作为系统来考虑、把握、分析、设计、制作和运行的基本思想与方法。这主要是把系统环境作为一个外部系统，系统的输入目标作为一个系统，并把二者结合起来，考虑建立转换过程系统。同时，要合理地解决系统内外各接口的协调，最后达到系统的最优输出。总之，系统思想的核心是建立最优化系统。

（2）程序体系。即在解决一个具体项目时，要求把建立系统的过程分成几个步骤，每个步骤又按一定的程序展开，保证系统思想在每个部分、每个环节上体现出来。系统程序包括两个方面：一是系统开发程序，即解决给定系统问题的步骤，如系统开发、工程规划、系统制作、特定系统评估等，从系统设计到具体实现的全过程。这实际上是一个整体系统建立的逻辑程序，这个搞得不好，就会导致重大损失，如过去流行一时的"边勘探、边设计、边施工"，就是一个很不好的程序。二是价值开发程序，它反映事物的另一个侧面，系统开发程序要求获得最高社会价值，达到此目的的程序，就是价值开发程序。它要求在开发系统的全过程中贯彻系统思想，使每个程序环节体现系统性的要求，同时注意潜在价值的开发和潜在危害的发现与分析，以及开发对策、多途径的价值开发与评估，技术成果的移植和创新等。在开发中既要严格遵守程序上的要求，又要善于吸收一切合理的东西。应该指出的是，在建立程序体系中，必须正确认识硬件、软件和人的因素这三者之间的关系。

（3）最优化方法。当把一个系统性的问题按照程序展开到具体的确定环节，以致可以构造数学模型时，就要应用最优化方法。最优化方法是系统工程的主要数学工具，也是解决系统工程问题的主要方法，如线性规划、非线性规划、动态规划、网络技术等。

这样，通过对这三个系统组成部分的处理，各种复杂的系统问题都能得到较快、较好的解决。因此从这个意义上来说，系统工程是在其开发、设计、制作和运行中所采取的思考方法、程序体系和最优化方法体系的综合。

2. 信息科学基础

1）信息在系统分析与评估中的地位和作用

系统评估过程实际上就是对特定系统的信息进行系统地分析和研究，因此系统评估的关键是获取足够的有用信息，信息的正确性是决定评估结果正确性的关键因素之一。信息在系统科学或系统评估中的作用可以从六个方面比较清楚地看出。

（1）信息是局部构成整体时产生的新的质。在系统科学中经常引用一句名言，"整体大于它们各个部分之和"。一般都解释为整体具备了各个部分分散时

10

所不具备的、新的功能,而新增加的这些功能是通过信息反映出来的,而且系统新的功能和新的信息都是在局部构成整体的过程中,通过不平衡和非对称而产生的新的质。

(2)信息是系统属性的反映和描述。对信息的这种理解是最为普遍接受和使用的。常说的数据、信息无非都是指某种客观事物(或系统)的某种属性的值。

在以现代信息技术为基础的 IT 行业里,人们习惯以数据结构(信息结构)作为描述某一类事物的基本框架(即所谓的"型"),而把具体的信息的差异(即所谓的"值")作为区分同一类对象中不同个体的标识。显然把信息的结构和值作为认识、描述、区分客观事物的思想框架,已经成为当今人类思维的基本模式之一。在系统科学中,指标体系、状态空间等种种描述和研究系统的工具与方法,都是建立在这个基本模式的基础之上的。

为了描述系统的状态,人们曾经引进了熵的概念。按一般的理解,熵是系统的无序程度的度量。那么作为其对应事物,信息(有的说法称为负熵)则应当是系统结构化程度的度量。从这里可以看出,信息的概念是与不平衡、不确定、非对称这些系统科学的基本概念不可分割地联系在一起的,而且信息还从一定程度上给出了定量的标准,这就使它具备了更重要的意义和价值。

(3)处理信息是系统的基本功能之一。从维纳的控制论模型开始,信息处理就是系统的基本功能之一。除了最原始的、非生命的系统之外,所有的复杂大系统都包了大量与信息处理有关的功能。

当人们把目光转向开发的复杂系统的时候,与外界的物质、能量、信息的交流成为被关注的焦点。所有论述都包含了对物质流、能量流和信息流的观察和分析。物质流和能量流往往伴随着信息流,而且信息流往往更为敏感、更为超前,在系统中起着关键性的、控制的作用。

环顾系统科学的各种问题,处处都可以看到信息处理功能在其中发挥着不可替代的作用。

(4)信息是系统实现控制和管理的基础。信息和控制论的关系是密不可分的。这一点不仅仅在系统科学领域中,而且在其他一些学科中,同样得到了人们的重视和强调。例如,在管理科学中,西蒙强调了"管理就是决策,决策依靠信息"的思想。

从控制和管理的角度来看,信息的作用在于以下两个主要方面:首先,信息结构的确定为系统状态的描述和控制目标的确定提供了基础,没有定量的、可测的指标体系,就谈不上对系统进行评估、控制和管理,因为目标与状态都无从测定。其次,及时的信息收集与分析,不确定性的减少,对发展趋势的预测,所有这些与信息有关的工作步骤,贯穿了控制与管理的全过程,使得信息处理成为有效控制和科学管理的最基础的任务。

(5)信息的积累与利用是系统进化的基础。复杂适应系统(CAS)理论对复杂系统的演化过程进行了深入的分析。在这种理论的框架中,"记忆"即对信息的积累与利用是系统演化的基础。

按照CAS理论,系统演化的基础是个体的适应性行为。适应性是指在与环境的交互作用中,个体根据每次交互作用的结果(成功或失败),调整自己的行为方式乃至组织结构。在这种理论中,每个个体都通过所谓的"染色体",存储着对待外界刺激的响应规则,而这种规则又是随着"经验"而不断地变化的。这就实现了上述"记忆"机制,即存储和利用信息的机制。

任何具有历史的、处于进化和演变之中的复杂系统,都具有这样的机制。从简单的生物体,到复杂的生物群体或生态系统,直到人类社会,都可以看到这种机制的作用。没有这样的机制,真正复杂的、具有演化和历史的复杂系统是不可能形成的。

(6)信息处理系统的专门化是复杂系统发展的必然趋势。分工是复杂系统的基本特征。以生物为例,简单的生物中,分工仅限于细胞里面的各种所谓的细胞器,它们有的管运动,有的管营养,有的则对外界的刺激(如光、热等)作出反应。对于这种单细胞生物,所有的功能都是自己去完成的。然而,随着生物的进化,细胞出现了分工,专门的神经系统出现了,专门的感觉器官出现了,而且分工越来越细,类似于企业管理制度的发展也遵循着同样的轨迹。可以说,专门的信息处理子系统的出现是复杂大系统评估的主要特征之一。

以上所列出的六个方面,从不同的角度说明了信息这个概念在系统科学及复杂系统评估中的重要的、基本的和不可替代的作用。概括地说,信息的深入研究为复杂大系统评估的理解与认识提供了重要的启示和帮助。

2) 信息的处理技术与系统评估

事实上,在信息的问题上,实际的需求远远走在了理论的前面。活生生的社会实践不会等待理论的思考。关于信息的社会实践活动在近几十年来有了飞速的发展,这主要体现在信息处理技术和信息系统工程的发展上,这其中包括系统评估问题对信息处理技术的要求。

(1)信息处理技术。信息处理技术一般称为信息技术,在20世纪的后半叶发展得非常迅速,成为当代社会与经济发展的最主要的推动力量。

虽然处理信息的技术有着比较长的历史,但是它的迅速发展还是近几十年来取得的。古代人类曾经通过发明纸张和印刷技术提高了储存和传播信息的能力。但总的来说,人类长期处于信息处理技术落后于其他技术的情况之中,在当

12

时极为低下的生产力水平上人们的主要注意力用于物质生产,以便解决基本的生存问题。

专门的信息处理系统的出现,使信息处理技术上升到了一个更高的层次,也是复杂系统发展的必然结果。半个多世纪以来,在技术发展的同时,人类的社会组织和结构也产生了巨大的变化。无论从企业的内部来看,还是从全社会来看,信息处理工作已经成为企业或社会问题解决的重要组成部分,也是解决问题的关键之一。

(2)信息处理与系统评估。在管理科学领域中,信息处理与信息管理已经成为一个专门的分支——信息管理与管理信息系统,并形成了一整套的理论与方法。

系统评估技术的核心是对系统信息的处理,这包括系统信息的采集、传递、存储、加工到显示五个基本环节,也就是人们常说的信息处理技术。系统的评估需要通过系统信息来反映,而信息处理的方法得当与否直接影响到系统评估的结果;同样,系统评估的结果又影响到系统的决策。所以,系统的信息处理技术是系统评估的核心之一。

3. 灰色系统与模糊系统理论基础

1)灰色系统理论

复杂系统评估的对象是一个复合系统,由于这一系统具有复杂性、动态性等特点,再加上人类对于该系统的认识能力上的局限性,使得系统对于人类来说是一个信息不充分、不完全的系统,即是一个灰色系统。

灰色系统所具有的"信息不完全性"主要包括四个方面的内容,即系统要素不完全明确、要素关系不完全清楚、系统结构不完全知道、系统作用原理不完全明了。因此,对于复杂系统评估这样的灰色系统来说,就难以用一般的系统学理论和方法来进行研究。而已经发展起来并得到初步完善的灰色系统理论和方法,提供了可行和有效的研究工具。

(1)灰色关联分析。灰色关联分析的基本任务是基于行为因子序列的微观或宏观几何接近,以分析和确定因子间的影响程度或因子对主行为的贡献程度,这也是系统评估的关键所在。在系统评估中,一个方案所调整的组织行为不止一个,其所涉及并影响到的因素则更多;而影响某一具体因素的环境因素也是多方面,或者说,同一因子影响的环境因素也不止一个;同时,也存在着多项因子同时作用于同一个环境因素的情况;并且,不同系统之间、同一系统的不同方案之间、各组成要素之间以及各环境因素之间也存在着复杂的联系,引发次级的、三级的甚至更高级的影响。运用灰色关联分析,通过计算灰色关联系数、灰色关联度等就能明确上述关系。因此,灰色关联分析可以用于系统评估的因素识别。

（2）灰色预测。灰色理论的灰色模型是基于关联度收敛原理、生成数、灰导数、灰微分方程等观点和方法建立的微分方程型的模型。灰色理论认为系统的行为现象尽管是朦胧的，数据是杂乱无章的，但它又是有序的，是有整体功能的，无序的后面必然潜藏着某种规律。灰色灾变预测可以对系统行为特征量超出某个阈值（即一票否决的现象）将在何时出现进行预测，从而确定系统评估中某些不良后果的出现时间。灰色拓扑预测是对一段时间内行为特征数据波形的预测，用来预测评估系统的数据变化特征。灰色系统综合预测是基于一系列相互关联的 $GA(1, N)$ 模型来预测整个系统的变化及系统中各个环节的发展变化。

（3）灰色决策。灰色决策包括灰色局势决策、灰色规划和灰色层次决策三类。系统评估的目的就是为决策者的决策提供科学的依据。利用灰色局势决策，把各方案的影响因素作为事件，对采取相关的措施作出决策，方案、影响因素和措施组合为局势。由于影响因素的不确定性的存在，这一局势中含有灰色元素，因此需要灰色局势决策。灰色规划把不确定性概括为目标函数，建立灰色规划模型，进行求解。灰色层次决策，先按职权范围将决策主体分为决策者、智囊层、执行层和群众层，这四个层次的决策意向分别用"权"来表示。由于各个层次的决策意向具有不确定性，因此这些"权"的数值可按灰色理论来确定，进行灰色层次决策。

2）模糊系统理论

一般来说，系统性和模糊性有着本质的联系，凡系统（形式化系统除外）必有模糊性，并且系统的内外联系越多样复杂、组织水平越高，模糊性也就越强，这一点已为众多学者所认可。无论是社会系统还是经济系统，无论是自然系统还是人工系统，无论是复杂大系统还是简单的子系统，这些系统一般都是多因素、多层次、组织水平比较高的复杂系统，因此其模糊性都很强，而我们常见的复合系统，其模糊性就更强了。

常见的系统评估中，系统的模糊性主要表现为四个方面：

（1）评估对象的模糊性。这一点乍看起来有悖常理，一个评估的对象如果具有模糊性，将使评估的过程更加复杂，甚至无法进行。但是，作为常见的评估对象，并不是我们常见的是否违背法律、法规、政策及道德规范等，而是那些通过数据反映出来的内在联系和特征，这些内在的联系和特征本身就具有模糊性，而且这反而是系统评估的主要内容和目的。因此，评估对象的模糊性是绝大部分被评估系统所具有的共性。

（2）评估系统边界的模糊性。一般来说，一个系统是有边界的，如一个企业组织所管理的范围就是企业法定的职权范围,但是影响企业组织决策的范围并不局限于企业范围,而是比企业范围要大得多。虽然前面已经论述过,企业范围以外的因素可以视为系统的环境因素,但是系统环境因素有一个明确的界定,即"系统自身不能改变,只能适应"。然而,现实生活往往是企业可以通过某种措施来影响企业以外的因素;同样,不同的企业组织,能够影响到企业以外因素的范围也不尽相同,这就给系统边界的确定带来了模糊性。我们反复强调,对于一个待评估系统来说,正确而合理地确定系统的边界至关重要,也是决定评估结果有效性的关键,而"合理"一词的本身就具有模糊性。通过这些,就不难理解评估对象的边界具有模糊性这一特征了。

（3）评估时间尺度上的模糊性。任何一个系统,或系统的任何一个方案都是有时间限制的,或者说随着时间的推移,任何系统或系统的任何方案都会最终被修正、修改、终止或被取代。同样,由于系统存在着动态性,系统的状态特征即系统的属性也会随时间的变化而变化。因此,系统的评估结果也只是反映某一时间点的属性特征,而不是系统的整个寿命周期。但是,系统某一时间点上的评估结果所反映出来的系统特征,并不是随着时间离开这一时间点就戛然而止,或者表现出一种完全相反的系统属性特征,而是评估结果所反映出来的属性特征会延续一段时间,甚至长期延续下去。虽然评估结果不能完全反映系统在延续时段内的所有系统属性特征,但却能比较客观地反映这一点。例如,一个人不可能在某一时间点上他是好人,而离开这一时间点就变成了坏人,应该有一个比较长时间的演变过程。这也是系统评估的基本原理之一,对于一个变化"无常"的系统,是无法作出评估的。然而,这种延续时间有多长,本身就是一个模糊的概念。理论上,延续时间的长短主要取决于系统组成结构的改变和评估结果的有效性,但是评估结果的"有效性"也是一个模糊的概念。这是评估时间尺度上模糊性的一种体现。

评估时间尺度上模糊性的另一种体现是评估信息收集的时间模糊性。由于系统属性的动态变化性,对于一个被评估对象来说,最理想的评估结果是能够在同一时间点收集评估模型所需的所有信息,然而在实践上根本无法做到这一点。人们往往是在一定时间范围内,收集到系统评估所需要的相关信息,并且随着评估工作的进行,如果信息不全,还需要随时补充,并认为在这一时间范围内收集到的所有数据具有同等的重要性程度。那么,在多长时间范围内收集到的数据信息,才能比较客观地反映出评估对象的属性特征呢?这又是一个评估时间尺度上的模糊性。

充分理解评估时间尺度上的这两种模糊性,对于在评估实践中正确确定评估周期(即每隔多长时间对评估对象评估一次)及评估信息收集的时间范围具有非常重要的意义。

（4）评估因素的模糊性。评估对象的优劣是通过人们对评估标准的判断而得到的，评估对象的优劣又是众多因素及环境共同影响的结果，这必然使评估因素具有极大的模糊性。一方面，人们对评估标准的判断具有模糊性，不同的人（评估团队）对同一评估标准可能有不同的理解；另一方面，由于评估对象的评估结果是评估对象的整体表象，是所有因素共同作用的结果，而不同的影响因素对评估结果的影响程度是不相同的（即所谓的因素"权重"）。所以，为了简化评估模型，在评估过程中，要求在不影响评估结果的前提下，将影响程度小的因素剔除。但是，哪一类的因素可以剔除，又是一个模糊的问题。另外，虽然在评估过程中要求不同因素之间所反映的内容不能重复，但是要完全做到这一点是非常困难的，判断因素之间是否存在着包含也是一个模糊的问题。

综上所述，系统评估的对象本身就是一个模糊系统，因此一些相应的模糊数学方法，包括模糊分析（模糊聚类分析、模糊关联析、模糊系统分析）、模糊预测、模糊综合评估、模糊决策等可以分别应用系统评估的各个环节。

4. 评估的技术基础

系统的评估是一个综合运用系统科学（系统工程）、信息处技术、信息管理系统、相应的数学方法及相关专业知识的一门综合性学科。

系统的评估过程是一个复杂的计算过程，同时也是一个反修正的过程，因此，传统手工计算的评估手段难以满足现代系统评估的要求，必须有现代化的手段来满足复杂评估的要求，所以须借助于信息处理技术及信息管理系统的知识来建立相应的评估系统，以使结构的评估模型具有通用性和满足反复修正的要求。

系统的评估必须有针对性才能达到评估的目的，也就是说，评估必须是对现实系统的评估，脱离现实系统的评估将失去评估实用性。因此，系统的评估应建立在专业知识基础上。例如，对一个管理系统进行评估，就必须了解管理方面的有关知识，如果不了解将无法建立起评估所需要的指标体系。同样，如果要对复杂导弹武器装备系统的性能质量进行评估，需要了解导弹装备有关知识及各子系统功能、性能参数、储存环境与使用管理因素影响等方面的专业知识。

人的知识面总是有限的，所以在实际工作中，能够全面了解和熟悉系统评估所需要的各方面知识的人并不多。同时，复杂系统评估所需要的知识也涉及各个方面，甚至需要一些特别专业的工程技术知识。因此，系统的评估往往需要将具备各方面知识的人才集中起来一起完成，这是复杂系统评估中常见的一种现象。

1.4.3 评估需解决的问题

对于一个具体的系统评估问题,可能会遇到评估目的、评估指标的遴选、定性指标的量化、指标的无量纲化、指标权重、系统综合评估方法选择、评估等级标准、评估的实现途径、评估结果运用等问题,系统的评估过程就是来回答或解决上述问题的过程。因此,一个评估系统一般应由以下几个方面构成:

1. 评估对象

同一类的评估对象一般应大于一个,或者说,一个评估模型可以重复利用,否则就失去了建立通用评估模型的意义。如果世界上只有一匹马,也就不存在伯乐识马的故事了,因为不存在对马进行评估价的问题。假设被评估的对象有 n 个,则一般记为 $s = \{s_1, s_2, \cdots, s_n\}\ (n>1)$。

2. 评估指标

系统的运行是靠组成系统的各个要素相互作用来体现的,系统的评估也需要通过反映系统各个侧面的指标体系来衡量。这样所有的评估指标就组成了一个指标向量,一般记为 $x = \{x_1, x_2, \cdots, x_m\}\ (m>1)$。

由于每一个评估指标都从不同的侧面来反映系统某个方面的状态,因此正确地确定系统的评估指标体系及合理地评估指标值计算方法,就成为建立评估系统的关键问题之一。

3. 评估指标的权重

相对于特定的评估目的来说,每个指标的相对重要性程度是不同的,反映这种差异的度量方法就是评估指标的权重,而所有指标权重也组成了一个权重向量,一般记为 $\boldsymbol{\omega} = \{\omega_1, \omega_2, \cdots, \omega_m\}\ (m>1)$,并且 $\boldsymbol{\omega}$ 具有以下性质:

$$0 \leqslant \omega_j \leqslant 1 \text{ 且 } \sum_{j=1}^{m} \omega_j = 1 \quad (j = 1, 2, \cdots, m)$$

很明显,当评估对象和评估指标值都确定时,影响评估结果的主要因素是评估指标的权重,所以评估指标权重确定的是否合理,关系到评估结果的正确与否,由此可以看出权重确定的重要性。

4. 评估模型

由于复杂系统的综合评估问题是一个多指标的综合评估问题,这种评估主要是通过一定的数学方法和手段,将评估指标值和评估指标的权重"合成"为一个整体的综合评估值。由于目前这种"合成"的数学方法比较多,选择、确定合理的方法就成为了系统评估中必须认真解决的重要问题。也就是说,在获得了 n 个评估对象评估指标值 $\{x_{ij}\}\ (i = 1, 2, \cdots, n; j = 1, 2, \cdots, m)$ 以后,如何结合评估指标的权重 $\boldsymbol{\omega}$,在某一特定的时间 t 内,建立系统评估模型,即

$$y_{it} = f(\omega_{it}, x_{ijt}) \quad (i = 1, 2, \cdots, n; j = 1, 2, \cdots, m)$$

n 个评估对象的所有综合评估值确定以后,就可以根据其评估结果 y_{it} 进行决策和排序。

5. 评估模型的计算机实现

由于评估对象的复杂性,当上述问题解决以后,必须建立相应的软件系统,以提高评估系统的可操作性。可以说,建立评估模型的软件系统已经成为复杂系统评估的重要组成部分。

6. 评估与决策者

决策者可以是某个人,也可以是一个群体。评估目的的给定、评估指标体系的建立、评估指标权重的确定、评估结果的决策等问题,都与人有关系。特别是对群体决策相关信息和数据的处理,是系统科学相关领域研究的重要内容之一,也是系统评估理论与技术中至今没有理想解决的关键问题。

至此,可以清楚地认识到,复杂系统的评估绝不是一个随意的、简单的判断问题,而是涉及将主客观信息有机整合与利用的复杂过程,它必然需要一定的理论支持和科学依据。

1.4.4 评估方法

到目前,评估方法广泛应用于各个领域,逐渐形成专业化趋势,评估方法发展到数百种之多,常用的有几十种。但是,不同的方法有不同的特点,也有不同的适用领域。评估方法基本上可归结为定性评估法、定量评估法和定性定量综合评估法三类。

1. 定性评估法

定性评估法也称经验分析法,主要依靠人员的洞察力和分析能力,借助经验和逻辑判断能力,来进行评估的一类评估方法。该类方法一般由专家根据所获取的信息,对评估对象直接作出主观判断,然后归纳总结专家们的意见,形成最终评估意见。常用的方法包括专题组讨论法、选题组讨论法、参与性观察法、个案调查法、文献分析法、德尔菲法。该类方法的优点是不受数据限制,可发挥人员主观特点,缺点是易受评估人员的情绪、经验和知识面等因素干扰。

2. 定量评估法

定量评估法是用数学语言进行描述的方法,以获得的数据信息为依据,根据评估指标体系建立数学模型,通过数学计算取得以数量作为表现形式的评估结果。常用的方法包括主成分分析法、赋权法、二次加权法、特征根法、线性加权法、最小均方差法、极小极大离差法、差值与拟合法、动态加权法和逼近理想点法等。该方法的优点是能对定量数据直接进行科学评估而且评估结果具有可靠性,缺点是对于不能直接用数量表示的指标无法直接进行评估。

3. 定性定量综合评估法

定性定量综合评估法既利用定性分析的主观优势,又发挥定量分析的客观优势,使分析结果既包含主观逻辑性,又依靠客观计算结果,因此被广泛推广应用。常用的方法包括层次分析法、模糊综合评估法、灰色系统评估法、人工神经网络、TOPSIS 法和聚类分析等。

在对各类评估方法进行比较分析的基础上,结合实际导弹装备的结构功能、测试参数、履历信息,根据对不同评估指标选择合适评估方法,实现对其性能质量状态的综合评估。

对评估方法的选择可依据以下原则:

(1)遵循"三位一体"的思想,如图 1.1 所示,评估目的、评估对象和评估方法之间相互一致,评估方法的选取主要取决于评估者本身的目的和被评估事物的特点。

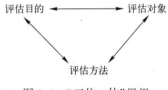

图 1.1 "三位一体"思想

(2)组合评估法。对同样的被评事物由不同方法所得的不同评估结果,再次进行综合,得到一个最终的综合评估结果,作为管理和决策的依据。

(3)等级相关系数法。对于不同评估方法所得评估排序结果计算两两之间的等级相关系数,如果某方法的结果与其他方法结果之间的等级相关系数都较大,则认为这一方法最优。

1.5 国内外现状分析

装备质量评估作为装备质量管理工作的其中一项,一直广受国内外学者的重视与研究。目前,装备质量评估理论体系逐渐丰富和完善,质量评估方法获得创新和发展,但在复杂系统评估和评估应用手段等方面依然需要深入研究。

1.5.1 国外装备质量评估研究现状

随着装备质量管理的深入研究和发展,装备质量状态综合评估技术得到了极大关注,并且研究领域划分更为精细,与质量评估相近的健康状态评估研究得到了迅速推广和应用。

1. 民用方面

J. Kobayash 等人在评估变压器健康状态和预测寿命时,将模糊聚类法和专家系统相结合,实例验证该方法是可行的。M. Mohammadi 为提高电力系统安全性,引入核向量机算法对在线电压进行评估,并结合神经网络进行训练,该方法比单一方法效率更高。Bogdan Gorgan 运用概率算法,将热解纤维素模型与绝缘纸老化模型融合起来分析运用,预测了电力变压器的使用寿命。H. E. Kim 在预测轴承剩余寿命时,分析了轴承在使用过程中退化的特点和规律,运用支持向量机构建预测模型,实现了轴承剩余寿命的准确预测。M. A Zaidan 等人分别对批量航空发动机和单个发动机的历史数据综合对比分析,通过贝叶斯网络,提出了考虑不确定性边界的发动机使用寿命预测法。乔治亚理工大学对飞机发动机系统进行状态评估和寿命预测时,运用了局部诊断和预测技术获取故障的影响方式和传播形式,同时结合概率密度函数实现了元器件的寿命趋势预测。

2. 军事方面

早在 20 世纪 60 年代,美国就已经制定了导弹储存可靠性计划和储存可靠性研究计划,主要针对的是导弹的可靠性研究,两项计划的主要目的是通过收集导弹储存期间相关数据信息,结合一些辅助性实验,获得导弹的基本单元、材料、外观等可靠性数据,然后综合评估整弹系统的储存寿命。以美军为代表的信息化程度较高的西方军队均已开展健康状态管理技术的应用性研究。例如,PHM技术现在已经得到广泛应用,主要有美军的飞机状态监控系统(Aircraft Condition Monitoring System,ACMS)、发动机监控系统(Engine Monitoring System, EMS)、综合诊断预测系统(Integrated Diagnostics and Prognostics System,IDPS)、以及美国海军的综合状态评估系统(Integrated Condition Assessment System, ICAS)等。以美国为首的多国联合开发的 F-35 在研制设计阶段就引入了预测与健康管理的概念,提高了维修保障的系统性,降低了寿命周期成本,该项研究主要运用在了第二批次的 F-35 战斗机上,取得了良好的效果。由于保密等原因,关于俄罗斯军事装备的研究文献较少,根据相关报道,在导弹寿命预测研究中,俄罗斯曾以 C-300 型号导弹整弹系统为研究对象,通过加速试验,评估得到其寿命大约为 10 年。

从国外导弹武器使用情况来看,为了满足导弹武器快速反应和实战化需要,一个非常重要的途径是基于导弹装备各种有效的历史和实时信息,研制开发评估导弹装备性能状态的平台,如美国陆军负责作战和计划的副参谋长办公室建有一个战备完好性信息管理系统,该系统能够提供最近的作战单元完好性信息状况报告,辅助进行战备完好性分析和制订作战训练计划。该平台具有信息处理的及时性、性能质量评估的快速性、评估结论的前瞻性和使用维护的友好性，为快速、系统地评估导弹全寿命质量状态提供了重要技术支撑。

1.5.2 国内装备质量评估研究现状

随着科技的进步，我军武器装备更为先进，也越来越复杂，装备质量对部队战斗力、战争进程的影响更为明显。我军装备管理部门一直关注装备质量评估与预测工作，安排许多课题、经费开展相关技术研究，取得明显成效。

陆军方面，对于陆军通用装备，军械工程学院吴波等人根据其质量状态分为五类，分别是健康、良好、堪用、待修、报废，同时将传感器信息、人工测试信息和历史信息等融合分析，针对环境因素和人为影响等，分别用灰色聚类理论评估单个陆军通用装备，再用模糊综合方法评估整个装备群的质量状态。张书君基于装备质量评估流程，建立了一套评估体系，并且以关键控制点为基础，参考模糊综合评判法，建立了武器装备质量评估模型。

海军方面，海军工程大学余鹏等人根据舰船装备的特点将舰船装备分解为三个层次，分别是单个装备、装备系统和全舰系统，再将舰船装备的健康状态划分为健康等级和良好等级，并且运用层次分析法和模糊综合评估两种方法，对舰船装备进行了由小到大的逐级评估，最终得到舰船整体的质量状态评估结果。海军工程大学姚云峰为了实现对装备参数健康状态的评估，引入了改进证据理论，对参数的健康状态进行了合成和评估，并且对装备的退化进行了分级确定。在对导弹状态评估过程的研究中，海军航空工程学院丛林虎将导弹状态进行了分级，分为优、良、中、差和故障五个等级，分析了研究过程中证据理论存在的不足并加以改进，构建了导弹状态评估模型。郝东为减少武器装备质量评估过程中的主观因素的影响，将贝叶斯网络与专家调查法相结合，构建了基于贝叶斯网络的武器装备质量评估模型，将专家法的模糊信息定量判断能力和贝叶斯网络的非线性处理能力很好地结合在一起，实现了武器装备质量的有效评估与预测。

空军方面，陈帝江基于多层次法，又引入多元分析法，对雷达装备状态数据进行了分类，构建了完善的状态评估体系，并且针对雷达结构设计特点和状态特征，提出了综合评估方法运用的合理性。空军雷达学院黄建军首先阐述了影响雷达性能状态的因素繁多且都具有较大的不确定性，而后构建状态评估指标体系，并将层次分析法与模糊理论相结合，实现了雷达性能状态的评估。此外，在空军的装备管理建设中，GJB/Z 20022—94《航空机务工作质量综合评判方法》和GJB 4384《通用雷达装备质量监控要求》等也一直作为指导部队装备实际工作开展的依据。

火箭军方面，作为长期存储、定期测试、一次使用的装备，其质量评估技术、方法与其他军兵种还是有所不同。火箭军工程大学姜云耀等人以复杂导弹武器系统的核心——控制系统为研究对象,从发射精度、飞行稳定性和系统可靠性三个方面综合分析控制系统的健康状态。火箭军装备研究院李俊运用粗糙集理论,从导弹全寿命质量状态信息中提炼性能质量评估规则,从而评估储存导弹目前的性能质量,该方法摒弃了主观因素对评估结果的影响,有效提高了评估的科学性。火箭军工程大学倪小刚等人为使导弹质量状态评估中指标权重更加科学合理,引入最小二乘法并运用最优组合准则提出了组合赋权法,同时将广义一致性与 TOPSIS 法融合运用计算出权重的最优组合,实现导弹质量状态的科学评估。

火箭军装备研究院曾经以某型号导弹为对象,根据导弹的测试数据和专家经验,主要针对惯性组合装备研究了不同参数对其质量性能的影响方式和程度,通过 IAHP 法,运用 Delphi 软件,建立了质量指标体系,计算了权重系数,开展了导弹质量评估与排序的研究工作,有力地推动了质量评估工作的进行。但其工作主要是对惯性组合的评估与排序、整弹系统评估研究较少,且此项目研究对一些关键质量性能影响因素的处理方式有待进一步完善和提高,如使用与储存环境条件的处理值得进一步深入研究,并且没有开展质量预测方面的研究工作。此外,火箭军使用、维修、军事代表机构等单位针对一些导弹关键单机子系统(如惯组、平台、发动机等)开展了相关质量评估研究工作,一些单位还开发了功能不一的评估软件。

导弹装备关键单机子系统性能质量状态评估固然重要,但导弹的发射成功依赖于全弹各系统协调、配合工作,某种程度上每个子系统都重要,都可能导致发射失败,因此准确掌握整弹系统乃至大批量导弹质量状态才是评估的终极目标,对导弹装备作战运用才更有实际意义。因此,导弹部队首长、机关尤为关注这方面的问题,在其指示、领导下火箭军工程大学以某型号导弹为研究对象开展了导弹装备性能质量评估指标体系及整弹系统评估与预测方法的研究,取得了一批丰硕的理论研究成果并开发该型号导弹性能质量评估软件,应用于某单位对所有现役该型号导弹进行了评估,并保障其执行了实弹发射演习任务。

1.5.3 国内外研究分析

总体上,国内外在导弹武器装备性能质量评估方面的研究虽然取得了不少成果,尤其是国内仍然存在以下几方面的突出问题:

(1)重视关键零部件、单机子系统评估,而整弹复杂系统研究较少,大批量的评估更是少有,研究成果对当前导弹装备作战行动与装备管理工作支撑力度不够。

（2）评估手段方面，虽已开发一些关键单机子系统的评估软件，但互联互通性差，没有注意到不同型号、不同种类装备评估既有个性的差异，也有共性的需求，重复研究、开发，浪费人力、物力，使用效益不够明显，并且评估过程中指标及其权重确定标准不一，影响到评估结果的准确性、规范性、可信性，进而影响到评估结果的应用。

（3）挖掘和利用导弹装备已有信息评估装备质量开展深度的不够，造成大量信息数据的浪费，质量信息分散、无法交流，无法运用大数据分析技术获取有用信息，影响到评估模型构建、评估结果的准确；尤其是对于复杂导弹武器系统这类"长期储存，定期检测，一次使用"的特殊装备，其实弹发射过程中的各类数据信息对于其状态预测具有非常重大的意义，但在实际研究中并没有将这些宝贵的信息作为研究的重点，这是目前装备质量评估与预测方面的不足。

（4）研究工作零散，质量评估工作系统性不强，没有形成合力，缺乏对每一枚、每一批次导弹质量进行跟踪管理与自动化评估的平台，研究成果和结论难以有效指导部队的作战使用与装备管理工作，不能满足战时导弹装备大规模使用时的质量评估工作和装备的精细化管理需求。

（5）质量评估研究得多，质量预测研究得少。导弹装备的特点是"长期储存，定期检测，一次使用"，通过评估知道当前的性能质量状态固然重要，若能够在此基础进一步预测其性能质量状态的变化则对于免测试作战运用、装备的采购、维修等更具有使用价值，目前复杂导弹装备系统质量状态预测的相关研究还较少，现有的方法在考虑问题时也不够周全，如没有考虑系统内部各单元、各子系统之间的相互作用关系、外界突发情况的影响等，而这些关系和影响对于复杂武器系统来说也是决定性的，因此需要针对此类问题深入研究。

针对存在的主要问题，需要充分利用导弹装备生产、使用、延寿等各阶段质量信息，分析挖掘反映装备性能质量状态的高价值信息，深入开展导弹装备性能参数、单机、整弹、批量导弹的性能质量评估与预测相关研究工作，构建与开发服务于不同型号导弹装备全寿命性能质量状态评估的平台柔性环境，改变传统的依赖于射前检测、人工评估导弹性能质量的模式，实现固化继承已有研究成果、相同基础评估环境下不同型号评估应用系统构建、导弹装备全寿命性能质量评估、质量信息互通互联等目标。通过快速、实时地准确评估单机、整弹、批量导弹性能质量状态，不仅为首长、机关决策和部队作战使用提供科学的技术依据，而且为导弹武器的更新、维修、延寿和报废提供有益参考，促进导弹部队信息化建设和装备精细化管理水平提高。

第 2 章　导弹装备性能质量状态评估框架

2.1　导弹装备性能质量状态等级标准

2.1.1　目前装备质量状态等级划分及存在的问题

导弹武器装备的性能质量状态决定着导弹武器系统作战效能的发挥,是打赢信息化条件下战争的基础。目前,导弹武器装备结构越来越复杂,功能越来越强大,技术越来越先进,掌握其质量性能状态越来越困难。同时,部队许多导弹武器装备已经服役了较长时间,较多装备已经接近或超过服役期,其性能质量状态更是难以估计。因此,需要建立有效质量状态等级评定标准,研究可靠的装备性能质量状态评估方法,实现各型号导弹装备的综合评估与优选分级,具有非常重要的军事意义。

根据目前部队装备管理条例和相关国军标(如 GJB 4386《武器装备维修质量评定要求和方法》)的有关规定,武器装备质量等级划分为新品、堪用品、待修品、废品四级,导弹装备质量的评价也遵从了这一原则,导弹装备性能质量状态等级描述如表 2.1 所列。

表 2.1　导弹装备性能质量状态等级描述

导 弹 等 级	等 级 描 述
新品导弹	厂家交付,未经部队通电测试的新导弹,储存年限符合规定,且配套齐全,能用于作战、训练等任务的导弹
堪用导弹	已经启用,战术技术性能符合规定的要求,质量状况正常,能用于作战、训练、执勤或执行其他任务的导弹;经小修后符合上述要求的导弹
待修导弹	需要进行大、中修,才能用于作战、训练,能修复,并有修复价值的导弹
待报废导弹	达到寿命规定,且无延寿、修复、使用价值的导弹,或者未达到寿命规定,但是已经无修复、使用价值的导弹,以及超过储存年限并严重影响使用、储存安全的导弹

实际工作表明,这种分级方法比较粗放。对于新品和废品的评判,一般采用含有量化指标的出厂检验标准和报废标准,其评判依据较为明确;但对于堪用

品、待修品的评判,目前一般仅按上述定义,或以服役时间,或以工作小时为依据,多采用定性的评定方式。由于缺少科学规范的量化评判依据,且等级评定适用范围广,界线模糊,因此在目前实际工作中堪用品、待修品的评定受人为因素影响大,实用性、可操作性较差。同时,导弹装备的主要服役期属于堪用品,目前基层部队存储的导弹装备基本都属于堪用品级别。虽然质量状态有差异,但质量等级却无差别,不利于装备管理与作战运用。

部队根据导弹装备管理工作的实际,按照装备满足作战需求的程度,一般将现役导弹装备的质量状态等级划为完好、可用、待修、待报废四级。这种质量状态等级的划分没有严格明确的界定,仅仅是相关人员实践工作经验的总结;在装备实际质量状态评定中主要依靠装备操作使用管理人员的经验进行判断。这种质量状态等级的划分界限模糊,而且受评定人员的主观因素影响较大,缺少科学规范的量化评判依据,尤其是完好与可用两个等级之间评判比较模糊。将新品和堪用品的质量状态划分为完好与可用,仍然不能准确反映装备质量性能真实状态,难以满足导弹装备精细管理和实战运用的需求。

在装备性能质量的微观管理上,导弹部队通常根据测试结果,采用合格、不合格两个评价等级,对于"合格"等级的划分,依然不能充分反映出其质量性能的优劣程度。同时,对于一些使用寿命临近到期、性能到临界点的装备质量,还没有有效办法来进行评估、表征。

上述对于装备质量等级、质量状态等级、性能质量等级的划分与评价带来以下问题:

(1)装备使用、存储、管理中产生了大量有益数据信息,却难以为装备工作宏观决策、预测提供支撑。例如,今后3~5年内,预计将有哪些装备到期,性能质量按期报废;装备工作计划上应预先做好什么准备?

(2)战时装备运用决策带有一定的盲目性。例如,因为目前这些等级的划分不能预测几年后的装备性能质量变化规律,故以实力统计所反映的可用装备,可能有一部分即将到寿命期或不可使用的,影响装备的使用。作战准备期间,这个矛盾将更突出。作战火力规划时,为确保可靠摧毁目标,使用何种状态的导弹及其数量,这些问题需要导弹武器装备性能质量评估作支撑。

(3)部队武器装备建设受制于企业规定的有效期和保养期,致使整个武器装备不论性能质量差别均采用到期保养整修,造成极大的人力、财力等资源浪费。这种方式是基于经验的,而非基于装备实际质量。

为了更加全面掌握导弹性能质量状态,同时评估结果有利于首长机关跟踪掌握基层部队在役导弹装备日常性能质量状态,为大规模作战指挥时的装备运用提供决策依据,需要对堪用品、待修品进一步划分,以满足导弹的精细化管理需求,并指导维修和延寿工作,实现对导弹性能质量状态的准确评价与预测。

2.1.2　装备质量等级划分相关研究状况

如前所述,当前武器装备新、堪、待、废质量等级的划分方法,对于复杂的导弹武器系统而言,适应性不强,为更加全面了解整个导弹武器系统,尤其是基层部队在役导弹武器装备性能质量状态,需要对堪用品、待修品作进一步的划分,以便于导弹武器装备质量评估,及时掌握各型号导弹装备质量状态,保障部队的作战与训练,为导弹部队打赢信息化条件下的战争提供重要的技术支撑。

目前,各军兵种、各企业对部分装备和设备的质量等级标准和定义已经进行了深入研究。针对雷达通用装备质量监控要求,2002 年中国人民解放军原总装备部发布了国军标 GJB 4384《通用雷达装备质量监控要求》,该军标规定通用雷达装备质量等级划分为四等九级(新品、堪一品、堪二品、堪三品、待小修、待项修、待中修、待大修和废品),其中把堪用品等级划分为一类堪用品(堪一品)、二类堪用品(堪二品)、三类堪用品(堪三品)。空军雷达学院黄建军在国军标GJB 4384《通用雷达装备质量监控要求》基础上,从雷达系统主要性能指标、系统工作稳定性、使用年限以及主要电气、机械部件的老化或损伤程度等方面对雷达系统状态进行了评价,并将雷达系统状态划分为"四级六等",即新品、堪用品(堪用一、堪用二、堪用三)、待修品和报废品。

海军工程大学吕建伟等人对舰船装备健康状态进行评估时,将舰船装备的健康状态等级划分为健康和良好,并将舰船装备的评估划分为三个层次:单个装备、装备系统和全舰系统,先对单个装备进行评估,再采取"自下而上"逐级往上综合,得到整个舰船系统健康状态评估结果。

军械工程学院吴波等人将陆军通用装备健康状态等级分为健康、良好、堪用、待修、报废五级,根据传感器获得数据、人工测量的数据和历史数据等进行综合分析,并考虑使用时间、环境和维修等影响因素,运用各种评估算法对陆军通用装备及多个装备构成的装备群的健康状况进行了评估。

北京军区王建军等人将工程装备的堪用品等级划分为一级、二级、三级堪用品三个等级,待修品等级划分为一级、二级待修品,并以技术参数为主要评定依据,结合服役时间、环境因素和经济因素对工程装备的使用质量状态进行了综合评定。

GJB 1624.8《军事后勤装备使用技术文件编写导则——质量分级与报废条件》指出:装备根据质量状况分级时,为便于管理,在具体进行装备质量分级,堪用品、待修品的质量等级还可进行分级。建议依据装备的技术状况,按其有效使用寿命,将堪用品分为一、二、三级品。在分级时,一般可按用去有效使用寿命不到 1/4 的装备定为一级品；用去有效使用寿命 1/4~3/4 的装备定为二级品；余下 1/4 使用寿命的定为三级品。

后勤工程学院陈雁等人把通用油料装备质量等级分为新品、堪用品一级、堪用品二级、待修品一级、待修品二级、废品六级，并根据储存年限、全服役年限、开机时间、当量大修次数、技术性能、老化程度、齐套性等因素综合评估通用油料装备质量。陈海峰等人参考军队医用卫生装备使用和维修记录，依据等劣化理论和全服役年限计算方法，对医用卫生装备质量等级分为新品、一级堪用品、二级堪用品、三级堪用品、待修一级品、待修二级品、废品。

武警工程学院巩青歌等人把枪械装备质量等级区分为四等六级，其中将堪用品分为两级，并根据储存时间、油液情况、金属锈蚀、技术性能等指标对枪械装备质量进行了评定。2002 年原第二炮兵后勤部针对二炮专用后勤装备质量分级发布国军标 GJB 4312《二炮专用后勤装备质量分级和转级、退役与报废通用技术条件》，规定了二炮专用后勤装备的质量等级，对转级、退役、报废进行了技术上规定。

地方行业企业也开展了相关设备质量状态、健康状态评估研究与应用工作，通常把设备质量状态也分为三级。例如，CB/T 3293《造船施工中船板表面质量评定其表面缺陷整修要求》中将表面质量等级分为 A、B、C 三级。GB/T 15475《核电厂仪表和控制系统及其供电设备质量保证分级》对核电厂仪表等关键设备的质量等级进行了规定。JB/T 5058《机械工业产品质量特征重要度分级导则》对机械工业产品的质量分级给出了分级建议。

综上所述，武器装备新、堪、待、废质量等级的划分，已经不能满足武器装备使用、管理的实际工作需求，尤其是复杂的导弹武器装备，给导弹武器装备的作战运用和精细化管理带来一系列难题。因此，各军兵种在装备质量新、堪、待、废四级划分原则的基础上，均开展了装备质量状态等级细分的相关研究工作，有的已把相关的研究成果应用到具体武器装备质量分级，为武器装备性能质量评估、装备管理奠定技术基础，促进了武器装备精细化管理与使用效能的发挥，产生了巨大的军事和经济效益。

2.1.3 导弹装备质量等级标准界定

导弹武器装备涉及常规导弹武器系统、核导弹武器系统和巡航导弹武器系统等种类，每一类武器系统又可以分为弹上装备和地面装备，其结构、功能非常复杂，综合了"机、电、液、光、控"等领域技术，对其性能质量等级标准的定义、描述较为困难。因此，需要根据导弹武器装备本身特点及管理、使用需求，借鉴其他军兵种质量等级标准，建立相应的导弹武器装备质量分级标准，以便实现精确的装备质量管理与可靠的装备质量评估。

1. 其他军兵种质量等级标准界定

GJB 4384—2002《通用雷达装备质量监测要求》规定通用雷达装备质量等级为四等九级,即新品、堪用品、待修品、废品四等。其中新品的主要特征:储存不超过 10 年,未经过大中修,质量完好,配套齐全,能用于作战。堪用品分为一、二、三类堪用品,其中一类堪用品的主要特征为:储存超过 10 年或经大中修,质量完好,配套齐全,能用于作战;二类堪用品的主要特征为:携行或虽经携行,但是质量完好,配套基本齐全,能用于作战;三类堪用品的主要特征为:携行或虽经携行,但质量基本完好,配套基本齐全,能用于训练。待修品分为需小修的待小修级,部队无法修复、需送所(厂)修理的待项修级,需中修且有修复价值的待中修级,和需大修、有修复价值且能修复的待大修级。

北京军区 63956 部队王建军等人对工程装备使用阶段质量状态评定方法进行研究时,对工程装备堪用品细分为三个等级、待修品细分为两个等级。具体定义为:一级堪用品表现特征为出厂新品未经部队携行使用、储存年限已超过规定储存期限且配套齐全的储备品;或主要战术技术指标及关键、重要部件(或系统)技术参数达到或接近出厂新品,能良好用于作战、训练的产品;或服役期一般在最高服役年限的 1/3 时限以内,未遇重大事故及一般事故,未经大修、中修的产品。二级堪用品表现特征为主要战术技术指标及关键、重要部件(或系统)技术参数接近出厂新品,能用于作战、训练的产品;或服役期一般在最高服役年限的 1/3~2/3 时限之间,未遇重大事故,未经大修的产品。三级堪用品表现特征为主要战术技术指标及关键、重要部件(或系统)技术参数基本接近出厂新品,能在短时间内用于作战、训练的产品;或服役期超过最高服役年限的 2/3 时限,一般只经一次大修的产品。一级待修品:使用质量状态下降或遇一般事故不能使用,需中修的产品。二级待修品:使用质量状态下降或遇重大事故不能使用,需大修的产品。

陈雁等人对通用油料装备质量分级进行研究时,将通用油料装备分为新品、堪用一级品、堪用二级品、待修一级品和待修二级品。其中,新品的质量等级特征为质量合格,配套齐全,技术性能符合规定的战术技术指标;储存年限、全服役年限在规定的时间内。堪用一级品的质量等级特征为质量合格,配套齐全,技术性能符合规定的战术技术指标;储存年限超过新品规定年限;全服役年限、开机时间、当量大修次数在规定的范围内。堪用二级品的质量等级特征为技术性能符合规定的战术技术指标;全服役年限、开机时间、平均无故障间隔时间(0,12)、当量大修次数在规定的范围内。待修一级品的质量等级特征为技术性能不符合规定的战术技术指标,需进行小修或大修,且有修复价值。待修二级品的质量等级特征为技术性能不符合规定的战术技术指标,需再次进行大修,且有修复价值。

陈海峰等人在对卫生装备进行质量分级与退役管理方法研究时,将卫生装备分为新品、堪用一级品、堪用二级品、堪用三级品、待修一级品、待修二级品、废品。其中新品的表现特征为未经使用,经检验质量合格,配套齐全,技术性能符合装备技术指标规定范围,储存年限在本标准规定时间内的装备(包括按规定允许定期保养和更换附件)。堪用一级品的表现特征为储存年限超过新品规定或经部队使用,技术性能符合装备技术指标规定范围且配套齐全:全服役年限、开机时间及当量大修次数符合本标准规定的装备。堪用二级品的表现特征为技术性能有变化但符合装备技术指标规定范围,全服役年限、开机时间以及当量大修次数符合本标准规定的装备。堪用三级品的表现特征为技术性能下降但主要技术指标符合装备规定范围,全服役年限、当量大修次数符合本标准规定且全服役年限、开机时间超过最高限值 3/4 的装备。待修一级品:质量技术状况下降,技术性能不符合装备技术指标规定范围或经军队医学计量技术机构检定不合格,需进行中修才能符合装备技术指标的装备。待修二级品:质量技术状况下降,技术性能不符合技术指标规定范围或经军队医学计量技术机构检定不合格,需进行大修,能修复并有修理价值的装备。

从中可以看出,这些平时经常处于使用状态的装备质量等级标准描述的依据主要是储存年限、技术指标、服役时限、工作开机时间、维修等级、故障事故、系统配套等因素。

2. 导弹装备质量等级标准的界定

导弹装备的特点是"长期储存、定期检测、一次使用",其储存过程也是服役过程,平时开展年度测试、战备测试以检查其性能是否符合技术要求,执行发射、战备等任务时经历公路、铁路运输的振动环境以及野外严酷的自然环境(如高原、风沙、极寒、高温、高湿等)。因此,其性能质量受储存、使用环境影响较大,并且弹上各分系统受影响的程度还有所差异。因而,其质量等级特征的描述是不同于其他军兵种装备,应遵循如下分级原则:

(1)质量原则。立足于导弹装备性能质量变化与形成规律,应客观准确地表达出装备的性能质量状况。

(2)平衡性原则。全面考虑影响装备性能质量的各个方面因素。

(3)效能原则。从装备作战训练需要和装备管理实际出发,有利于装备发挥最大最好的效益。

(4)系统性原则。合理把握装备整体与其子系统的关系。

从目前各军兵种和地方行业、企业开展的质量等级研究工作可知,装备或设备的堪用品通常划分为二级、三级,个别划分了四级,相对而言划分为三级的应用案例较多。不同的划分方法各有利弊。若将堪用品质量状态划分为两级,易于等级区分、便于部队操作实施,但是因为质量状态分级比较粗糙,不利于全面了解、掌握装备整体性能质量情况,不利于装备管理的精细化,不利于装备训练、作战运用。若将堪用品质量状态划分为三级,则装备质量状态分级较为精细,有利于部队全面掌握装备整体质量性能状态,有利于实现装备的精细化管理,有利于训练、作战时充分发挥装备效益,但是将使装备质量管理工作量增大、增加武器装备质量等级评价的难度。同样,若将堪用品质量状态划分为四级,虽然装备质量状态分级更加精细,能够更加准确地掌握装备整体质量性能状态,但质量等级评估的难度、工作量将大大增加,基层部队实施评估的可操作性不强。

导弹装备设计的使用寿命通常为 7~10 年,超期服役的装备通常需要进行延寿论证、整修和试验,事实上导弹装备在堪用品级的服役时间非常长,通常远超过设计寿命期。因此,需要对导弹装备堪用品进行进一步细化,综合不同分级的优缺点,结合导弹武器装备自身服役特点和导弹部队装备管理要求,把导弹武器装备堪用品细分为三个等级比较适宜,即将其堪用品质量等级划分为三级:堪用品一级(优秀)、堪用品二级(良好)、堪用品三级(一般)。

待修品的划分一般存在着不区别或者划分为两级。对于结构、功能、技术较为简单、易于保障的装备,一般在此质量等级没有区分;而对于结构复杂、涉及技术领域多、保障复杂且困难的装备,其待修任务完成的难易与故障类型、严重程度密切相关,有些在现场或前方保障区域即可完成维修任务,而一些故障则必须送往后方基地维修,这种情况对部队装备的整体质量状况和部队战斗力水平影响较大,因此非常有必要区分装备的待修状态。作为一个集"机、电、液、光、控"系统综合于一体的复杂导弹武器装备,建议将其待修品质量等级划分为两级:待修品一级(小中修)、待修品二级(大修)。

综上所述,在遵从现行装备质量等级划分原则的基础上,建议导弹武器装备质量等级可划分为四等七级:新品、堪用品(堪用一级品、堪用二级品、堪用三级品)、待修品(待修一级品、待修二级品)、废品。

各质量等级特征描述如下:

(1)新品:经检验合格、未经部队使用、质量合格、配套齐全、外观完好,使用性能、技术指标完全符合使用说明书,能够用于部队作战与值勤。

(2)堪用品。

① 堪用一级品(优秀):未经过大中修,未遇事故,质量合格,配套齐全,外观完好,使用性能、技术指标符合使用说明书,主要战术技术指标及关键、重要部件(或系统)技术参数远离极限值、在标准值附近波动(0~1/4 间波动,达到或接近

30

导弹装备设计的最优值(出厂新品值)),能够用于部队作战与值勤。

②堪用二级品(良好):未遇重大事故,质量合格,配套齐全,外观无损,使用性能、技术指标符合使用说明书,各类技术指标、参数在标准值附近一定范围内波动(0~1/2 间波动,达到导弹设计值(接近出厂新品值)),能够用于部队作战与值勤。

③堪用三级品(一般):质量合格、配套基本齐全、外观有损但不影响使用,关键、重要技术参数符合使用说明书、在标准值与极限值之间较大范围内波动(0~1 间波动,关键、重要技术参数基本达到导弹设计值),部分性能指标发生衰退、接近甚至偶尔超出极限值,适宜于部队训练、作战与短期值勤。

(3)待修品。

①待修一级品:使用性能、技术状况暂不符合使用要求,质量状态下降或遇一般事故不能使用,在部队即可完成中小修的装备。

②待修二级品:超出规定服役存储期限;使用性能、技术状况不符合使用要求,质量状态下降明显;遇重大事故不能使用,需后送维修基地进行大修的装备。

(4)废品:达到总寿命规定,且无延寿、修复、使用价值的装备;技术性能已不能满足作战、训练使用要求,且无法修复的装备;虽未达到总寿命规定,但因技术落后已无使用价值的装备;遇严重事故或战损,修复费用大于新品费用 30%~50%的装备;不能保证安全、可靠使用的装备。

在对上述三级堪用品进行特征描述时,主要考虑因素有以下几点:

(1)制定标准应该能够适用导弹、地面设备等主要武器装备。

(2)在参考其他军兵种的基础上,以各项性能指标、技术参数和配套设备设施作为评价性能质量等级的基本依据。

(3)导弹的堪用品等级划分标准,最终的表现形式是以武器装备能不能执行作战任务为评定依据。

2.2 导弹装备性能质量状态评估思路

2.2.1 评估思路

从导弹装备及其性能质量衰退特点分析看出,导弹装备性能质量评估是一个非常复杂的问题,开展评估之前需要首先理清思路。坚持以全寿命、全系统观点,遵照装备质量变化规律,结合部队装备运用与管理的实际需求分层分类,然后综合进行评估。

(1)导弹装备质量应以其全寿命周期观点予以评估。从军方管理与使用装备的角度而言,所关心的是两个时间点、一个阶段的装备质量,即研制生产后和整修延寿后交付部队使用时的质量、基层部队现役使用阶段的质量(以下分别简称生产质量、整修质量、现役质量,如图 2.1 所示),三者各有特点。生产阶段是装备质量形成的过程,现役阶段是装备质量逐渐退化的过程,整修延寿是装备质量再提升的过程,彼此之间具有传承性,生产质量是装备现役质量退化的起点,整修质量是装备现役质量退化到一定程度后的再提升,同时又是装备再服役后质量退化的起点。三者的质量信息与评估应当一体化管理,才能充分发挥装备性能质量信息与评估结果的作用,运用诸如大数据技术发现单一阶段质量信息难以反映的质量规律与特点,为装备作战运用、采购、管理、新型号研制提供更有价值的信息。

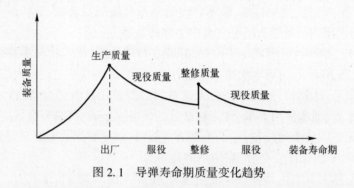

图 2.1　导弹寿命期质量变化趋势

　　(2) 根据产品质量规律,即过程因素影响质量形成、检验检测结果是质量反映,对产品质量评估一般以检验检测结果为主、过程为辅综合二者信息来进行。对于复杂导弹系统,其单机涉及技术领域众多,如电子、机电、机械、软件等,服役过程因素如储存环境、使用强度、维护维修等对其质量状态影响差异较大,应分别对各单机进行评估。不同类型单机的生产质量也存在类似情况。同时,对于关键单机如惯组,部队对其实施单独管理。因此,构建导弹装备性能质量状态的评估指标体系采取了过程信息与结果信息相结合、定性信息与定量信息相结合、系统评估与单机评估相结合、装备理论与部队实际相结合的原则。

　　(3) 导弹装备是多个单机子系统构成、包含众多质量信息的复杂系统,对其进行性能质量状态评估,应以系统的观点分层次实施。根据导弹装备组成特点和部队装备管理实际,分别从参数、单机、整弹系统三个层面根据其特点和变化规律研究评估方法,以适应导弹装备参数众多、单机种类各异、系统综合性强的评估需要。从部队装备作战与建设的实际需求出发,同样需要对批次批量导弹的性能质量状态进行评估。

　　(4) 不同层次评估的实质问题是不同的。装备系统参数测试数据固然能直观反映装备系统性能质量状态,也可以比较方便地采集,但系统参数繁多,不同参数其变化规律也各具特点,尤其是整弹系统往往包含很多影响其性能质量状态的使用管理信息,因此参数测试数据并不能科学准确完全反映整弹系统的性能质量状态,这一层次评估的实质就是充分挖掘不同类型质量信息所包含的反映性能质量状态本质的更高价值的信息;而对单机子系统来说,其性能质量状态的评估既要包含测试数据,也要包含其使用管理信息,科学地融合这些信息才能够合理地评估单机子系统性能质量状态;对整弹系统而言,则可以通过单机子系统性能质量状态的综合来实现整弹系统性能质量状态的评估。

(5)为便于评估,应将导弹装备多源异构质量信息数据进行标准化处理。这包含三个方面研究:定性信息的量化,如装备表面质量状态的量化;非测试定量信息的标准化,如储存时间与环境信息的标准化;参数测试信息的标准化,如时间、压力、电流、电压等不同量纲、不同量级的测量数据的标准化。其中参数测试数据是装备性能质量状态的主要反映,其中所蕴含的质量信息挖掘是研究的重点,应从其局部特性如奇异性和整体特性如变化趋势等方面研究。

(6)导弹装备单机在其生产、现役、整修质量评估时所得到的质量信息差异较大,应结合单机特点及其质量信息种类研究构建不同评估模型。生产质量评估模型拟分别构建电子、软件、机电、惯组(平台)、发动机等分类单机评估模型。现役质量评估结合测试数据数量及其相关使用、管理、储存等信息分别构建无测试数据、有限测试数据、海量测试数据的单机质量状态评估模型。整修延寿质量评估应根据整修过程是否影响单机性能参数以及影响程度构建其评估模型。

(7)整弹系统的质量状态评估是寿命周期不同阶段单机评估的基础上逐级综合而得到。生产质量、整修质量评估结果是现役质量评估的基础,因而三种质量状态的评估应分开进行。复杂系统性能质量评估之所以困难是因为各单机子系统的相互影响与各自权重的确定,同时考虑到评估结果应发挥指导装备工作的作用,评估结果还应便于使用人员理解。因此,支撑整弹系统级评估的方法着重研究单机子系统静态组合为整弹系统的评估和考虑单机子系统之间影响的动态演化整弹系统的评估。

(8)导弹装备性能质量状态预测。导弹装备性能质量状态的未来变化趋势对于装备的作战运用、管理与保障工作同样具有重要的参考价值,制订装备建设年度计划、未来发展规划需要装备性能质量状态的年度预测,大规模作战时运用大批量导弹装备短时间内难以及时进行合格测试,需要根据定期测试数据进行射前预测,研究导弹装备性能质量状态的预测技术无论是平时装备建设还是战时作战运用,都是非常必要的。

(9)批量导弹装备性能质量状态评估。在单枚导弹性能质量评估与预测的基础上，根据大规模作战、装备建设与发展的需求，需要掌握不同单位、不同批次、不同环境的大批量导弹装备的性能质量状态，通过对批量导弹装备质量大数据分析和组成优化研究，从而能够真正服务于作战运用，发现影响装备质量规律，促进装备精细化管理与保障。

（10）软件工具。导弹装备性能质量评估软件的开发实现必须有效解决四个方面问题：一是多源异构质量信息数据的集成处理，着重是信息的录入方式和规范化转入数据；二是评估使用的质量信息数据库结构设计，包括概念结构、逻辑结构和物理结构，具有良好的安全性和扩展性，便于部队、科研院所、军事代表机构等不同单位之间互联互通；三是把所研究的、成熟的各层次评估方法、模型固化为调用模块，为构建不同型号导弹评估系统奠定基础；四是软件功能、界面、操作应满足部队装备作战运用与管理、保障的需求。

2.2.2 评估框架

复杂导弹装备质量状态评估具有参数众多、技术领域广、系统综合性强等特点，评估实施复杂、困难，一直是困扰导弹部队装备工作的难题。当前导弹装备性能参数、单机质量评估研究较多，如惯组、发动机等关键单机与参数的评估研究，其成果也具有较大应用价值。关键单机性能质量状态评估固然重要，但导弹毕竟是一个由诸多单机子系统构成的复杂系统，其发射成功依赖于全弹各系统协调、配合工作，某种程度上每个单机子系统都重要、都可能导致发射失败，因此准确掌握整弹系统，乃至大批量导弹质量状态才是评估的终级目标，对导弹装备作战运用、管理保障、战备训练才更有实际意义。而目前对整弹、大批量导弹质量评估方法的研究较少。

导弹装备系统复杂、质量信息繁杂、质量状态表征困难，从底层技术参数至单机、分系统，直至整弹系统的质量状态都是部队导弹发射时所关心的，而这些不同层次评估问题的实质是截然不同的，目前还没有一个通用的数学模型能够完美地涵盖整弹系统、单机、参数这些不同层次的评估问题。根据评估对象之间的逻辑关系及其评估问题的实质不同，采取了"分类分层，系统综合"的评估原则有效解决这一评估难题，即将此复杂问题分解为参数、单机、整弹、批量导弹等多个层次研究评估模型与方法，并针对不同种类的技术参数、单机研究相应的评估技术，差异化研究不同层次、类别评估对象的处理方法，构建出复杂导弹系统性能质量的多层次评估预测的框架（图2.2）。实现性能参数、单机子系统、整弹系统以及批量导弹性能质量状态的多层次完整评估与预测，解决静态评估区分度不大、分级模糊、系统动态演化影响、信息利用不全面等问题，提高评估与预测结果的可信性，满足部队装备管理与训练、发射装备保障的需求。

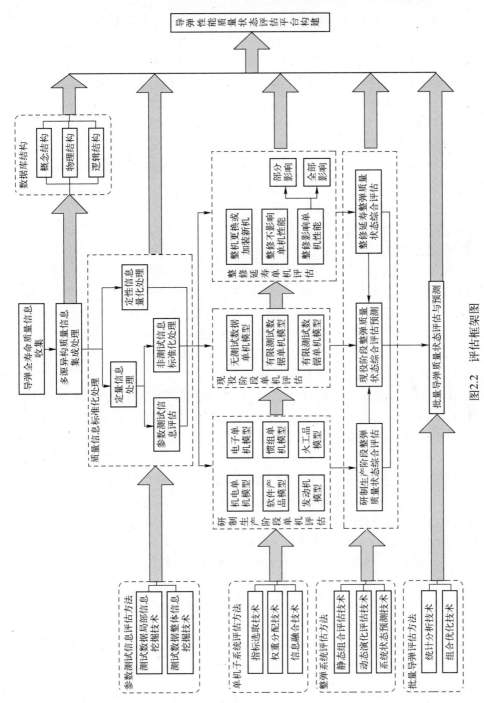

图2.2 评估框架图

35

1. 参数级质量状态评估技术与方法

类似导弹装备性能参数级的评估实质是导弹装备多源异构质量信息分析与标准化处理问题,一般包括三方面内容:定性质量信息(如外观质量)的量化,非测试定量质量信息(如储存温湿度)的标准化和性能参数测试信息分析与评估。其中,定性质量信息量化与非测试定量质量信息标准化已有较成熟研究成果,结合导弹装备质量要求,正确引用已有的相关国军标成果即可解决此类问题。需要重点研究的是性能参数测试信息分析与评估,涉及参数无量纲标准化处理模型、历年测试数据局部与整体信息挖掘两方面问题。

多达数百个导弹性能参数单位量纲、数量级和变化特点各不相同,如:单位量纲有电流、电压、压力、时间等;数值量级从 $10^{-4} \sim 10^{6}$,跨度非常大;参数有的越大越好,有的越小越好,而有的则是趋向中间更好。因此,各性能参数无法直接比较、应用于质量状态评估。针对不同性质、类型的评估指标数据,进行无量纲标准化处理使其具有可比性,是装备性能质量状态评估的一个关键技术。

根据导弹装备特点和主要部组件结构功能特点,在广泛调查、综合运用多学科专业知识的基础上,深入研究了每个性能参数特点,按照性能参数局部与整体测试信息分析相结合,现在、过去与未来测试信息分析相结合的原则,从性能参数测试的当前值、稳定性、趋势性、偶然性和可能性五个方面建立各参数质量指数评估模型,奠定导弹装备性能质量状态评估的基础。

2. 单机性能质量状态评估技术与方法

单机性能质量状态评估的实质是与单机质量状态相关的多元质量信息的融合问题。不同种类的导弹装备单机在生产、现役、整修阶段的质量信息相差甚远,评估特点各异,质量信息种类、规模不同,其信息融合方法也有较大差异。

在融合过程信息与测试结果信息的基本评估原则下,生产阶段选取典型单机装备如电子、软件、机电、惯性、发动机等通过选取评估指标、确定指标权重、多元信息融合对其质量进行评估,为其他单机装备生产质量评估提供借鉴。现役阶段根据性能参数测试数据量,可将导弹装备多个单机分为三类:无测试数据、少量测试数据、海量测试数据单机,分别构建评估模型、融合质量信息进行质量评估。整修阶段主要是根据整修过程对单机性能的影响程度,选取相应的质量信息进行融合评估。

不同阶段、不同种类单机性能质量状态评估涉及的三个方面共性问题,即指标选取、权重分配和信息融合。

根据产品质量规律,即过程因素影响质量形成、检验检测结果是质量反映,对产品质量评估一般以结果为主、过程为辅综合二者信息来进行。因此,构建导弹装备性能质量状态的评估指标体系采取过程信息与结果信息相结合、定性信息与定量信息相结合、系统评估与单机评估相结合、装备理论与部队实际相结合的原则。所构建的多层次评估指标体系融合了质量形成的生产与服役过程信息、质量检测的测试信息以及诸如外观观测结果等多类导弹装备单机性能质量信息,科学表征导弹装备性能质量状态,为开展评估预测奠定了基础。

指标权重分配体现了不同质量信息对评价对象质量状态的影响程度,直接影响评估结果。对评估指标影响力、重要性、优先程度等进行量化是比较困难的,主要依靠专家的主观选择判断,不仅依靠一个专家判断,更需要多个专家的智慧。项目研究中,运用数理统计、逻辑分析、AHP 分析、DS 证据理论等方法分析每位专家意见、融合多位专家意见可靠获取各层次评估指标权重系数。

在确定权重的基础上,根据求取单机质量状态指数、评估质量状态等级、按质量状态排序等不同评估目的需要,分别选择加权和、模糊综合、TOPSIS 等方法进行信息融合评估单机性能质量状态。

3. 导弹整弹系统性能质量状态评估预测技术与方法

1）整弹系统质量状态评估

其评估实质是多个单机质量状态评估结果的逐级综合问题。系统静态评估方法是在不考虑各单机子系统相互影响的基础上,把各单机子系统类似堆积木方式逐级综合评估。原则上,单机质量状态评估所采用的加权和、模糊综合、TOPSIS 评估方法也适用整弹系统评估,分别用于求取整弹系统质量状态指数、评估质量状态等级、按质量状态排序等目的。

然而,导弹整弹系统性能质量状态退化过程是十分复杂的,主要原因在于内部众多单机及其特征的多样化、系统的层次性、单机之间的交互耦合行为等。整弹系统性能质量状态评估必须综合考虑各层次单机性能质量状态退化及其之间的相互影响,这些影响包含了"横向""纵向"等形式。

根据复杂导弹装备系统性能质量状态退化特点,引入能够反映单机与分系统间状态相互影响、变化的 Petri 网理论和 DS 证据信息融合理论实现了导弹复杂系统性能质量状态的动态评估。利用能够描述网络状态变化的 Petri 网的正向推理性质,根据整弹系统层次性将其分解为不同层级,分析各层级单机性能质量状态退化程度对其同层次单机或高层次分系统的影响,最终综合得到基于多层次单机动态演化后整弹系统性能质量状态,建立基于 Petri 网的导弹整弹系统性能质量评估模型。

与相应的加权和、模糊综合等静态评估结果进行对比,其结果能够更准确地反映复杂导弹整弹系统性能质量的实际状态,评估结果更具有价值。

2）整弹系统质量状态预测

装备机关年度计划、5 年计划规划中需要掌握未来 1~3 年导弹装备质量状态变化趋势,以利于装备规划与运用决策。针对这一需求,结合导弹"长期储存,定期测试,一次使用"和测试数据信息"总体数据量大、单个参数有限"的特点,实现适应有限测试数据信息的导弹年度性能质量状态灰色预测方法和充分利用实弹发射前后信息的射前性能质量状态神经网络预测方法,为装备规划与运用决策提供支持。

针对导弹单个参数数据有限的情况,对比选用灰色预测方法,预测性能参数未来变化值,再综合未来1~3年导弹装备可能经历使用、管理、储存、运输等相关信息,从而预测每个单机性能质量状态变化,再逐步综合至整弹系统性能质量状态未来年度预测值。

实弹发射结果是导弹内在性能质量状态的外在真实反映。导弹实弹发射后大量蕴含重要价值的历史测试、使用和管理等信息仅仅存档甚至流失,没有充分利用,而这些宝贵的信息对于预测待发射导弹性能质量状态具有很大的研究价值。运用神经网络方法建立导弹实弹发射结果信息与其多个单机性能质量状态之间的联系,实现待发射导弹性能质量状态的可靠预测。

首先,将导弹实弹飞行、打击效果情况与整弹性能质量状态等级建立一一对应关系,将其划分为优秀、良好、一般、不合格,作为所构建神经网络的输出;其次,以射前多个单机性能质量状态指数作为神经网络的输入,由此构建适当层数的神经网络;再次,梳理同型号多枚导弹实弹发射前后的信息,作为样本训练所构建的神经网络;最后,对待发射导弹评估其单机性能质量状态指数,输入到已训练好的神经网络预测射前整弹性能质量状态。

在未来大规模作战需要使用大批量导弹时,极有可能出现导弹未经测试就需要发射的紧急情况,采用灰色预测方法预测性能参数可能值,再综合导弹装备已经历的使用、管理、储存、运输等相关信息,从而预测每个单机质量状态指数,结合已训练好的神经网络预测紧急发射前整弹系统性能质量状态,为导弹作战运用决策提供技术支撑。

4. 批量导弹性能质量评估技术与方法

批量导弹评估问题的实质是批量单机、整弹性能质量状态评估结果综合利用问题。导弹整弹是根据作战任务与战场环境需求把分散储存管理的分系统装备临时组合成整弹系统,因此,批量导弹性能质量状态评估需要解决组合优化和统计分析两个方面问题。

1) 组合优化

为有效提高批量导弹作战效能,最大限度地实现资源优化配置,提升部队导弹的整体作战水平,根据导弹打击目标与作战任务规划、战场环境情况需求,以各单机性能质量状态评估结果为基础组合成整弹系统。

当打击高价值目标、必须确保予以摧毁时,需要挑选性能最好的导弹进行作战,提出了优优组合方式,即先依据单机、分系统评估结果对各分系统从优到劣排序,而后依据排序结果,将相同排序的分系统组合构成完整的导弹。

从保证资源有效利用和提高批量导弹整体质量方面考虑,提出了批质量最优组合方式。基本原理是:针对导弹弹头、弹体、惯性组合、干扰装置每个分系统排列顺序,根据数理统计知识得到多种组合方式,计算每种组合方式下批量导弹的评估成绩,最后按照批量导弹评估结果最优原则实施组合。

2) 统计分析

在导弹各单机与整弹系统质量状态指数和质量等级已评估的基础上,为了使评估结果发挥出更大应用价值,结合导弹的出厂批次、部件特点、使用单位、储存使用环境等多个方面进行统计分析,其分析结果为首长机关、基层部队、军事代表机构和装备承制单位全面、准确掌握导弹性能质量状态提供更多信息,对装备研制、生产、科研单位具有极高的参考价值。批量导弹质量状态统计分析主要涉及两个方面:评估结果特征分析,以及评估结果与影响因素的相关性分析。

评估结果特征分析包括同批次(同单位)装备评估结果的分布位置、范围、波动情况。然后针对同类型装备不同批次、不同单位分别进行对比分析,找出质量差异的原因。

评估结果相关性分析是分析评估结果与生产、使用过程中影响质量的某些因素之间的相关性,如批次产品与其生产原材料、元器件质量之间的相关性,不同地域同类装备质量评估结果与其储存使用环境之间的相关性等。

第3章 导弹装备质量信息处理与参数评估方法

3.1 导弹装备质量信息种类及其评估标准

3.1.1 导弹装备质量信息种类

根据导弹装备全寿命质量评估的需求,从实际工作调研所收集到生产、使用质量信息来看,大体上可分为三大类:

(1)定性质量信息。例如,装备外观信息,尤其是导弹弹头、发动机、控制系统关键仪器的外观壳体、对接面、电缆插接头等部位的脱漆、碰伤、划伤、锈蚀、密封损伤等,这类信息对装备质量有较大影响,难以用定量数据表示影响程度,通常依靠生产、使用人员的主观判断。

(2)非测试定量质量信息。这类质量信息包括装备存储环境温湿度、铁路公路运输量程、故障维修情况、所经历的使用时间与测试次数、生产工艺符合度、功能检查符合性等,能够用数据定量表示、记录,但不像性能参数那样,具有明确的设计范围标准,这些信息同样表征着装备质量状态的情况。

(3)性能参数测试信息。这类信息是评估导弹装备质量状态的主要信息,来源于装备出厂检验、年检测试、执行重大任务如战备、发射等活动测试,一般具有明确的设计标准和测量值,这些测试值蕴涵着装备当前、过去质量状态的重要信息,是质量评估重要的研究对象,但这些测试值并不能100%反映装备质量状态,因而还需要结合诸如定性质量信息、非测试定量质量信息共同综合评估导弹装备的质量状态。

3.1.2 质量信息评估标准

根据质量评估的需要,上述各类质量信息须进行标准化处理以便于相互比较。而进行标准化处理之前需要首先明确各个质量信息的质量许可范围以及最优值,即每个质量信息反映装备质量好坏的评估标准。

评估标准的确定是否科学合理,直接影响质量信息标准化处理结果的准确

性、可比性。在确定各质量信息评估标准时,一般应注意以下几点:

(1)评估标准的客观性。

(2)评估标准的科学性。

(3)评估标准的合理性。

以某型号导弹弹头使用过程中收集的三类质量信息为例,说明评估标准的确定,其他装备质量信息评估标准确定类似。

(1)定性质量信息评估标准,多以语言定性描述,如表 3.1 所列。

表 3.1　定性质量信息评估标准

定性质量信息		评 估 标 准
外观	壳体	检查弹头壳体,以无脱漆、碰伤、划伤为优
	对接面	检查对接面有无生锈,以电缆插头无脱胶为优
	吊点堵头	检查堵头,以密封圈无损伤为优
	插头	检查插头,以无损伤、锈蚀为优

(2)非测试定量质量信息评估标准,如表 3.2 所列。

表 3.2　非测试定量质量信息评估标准

非测试定量质量信息		评 估 标 准
服役履历信息	测试次数	测试次数越多,加速 O 形密封性圈老化,以测试次数越少为优
	维修情况	以无返厂情况的为优,以无维修记录为优,把延寿视为大修,同等条件下以无延寿的为优,在同样经过延寿的情况下,以延寿后的时间较短者为优
	运输里程	以公路、铁路运输里程越短为优
	存储情况	在温度 5~30℃ 和相对湿度不大于 75% 的库房环境条件下,存储时间为 10 年,以弹头出厂之后时间最短为优
对接情况	对接间隙	弹头对接时,用塞尺测量以无间隙或间隙越小为优
	包带情况	包带使用越多,会因韧性拉伸长度影响使用,以安装次数越少为优
	逆气流台阶	对接后测量逆气流台阶不大于 0.6mm,以逆气流台阶最小为优

(3)性能参数测试信息评估标准,如表 3.3 所列。

表 3.3　性能参数测试信息评估标准

检 查 项 目		评 估 标 准
气密性	低压性能	测量值	做低压气密性检查,充气至 0.080~0.095kPa,保压 3h,余压大于 0.075kPa 为合格,以数值越大为优
	高压性能	测量值	用纯度大于 90% 的空气检测,做高压气密性检查,充气至 0.285kPa,保压 10min,余压大于 0.270kPa 为合格,以数值越大为优

3.2 定性质量信息标准化处理

在部队实际操作过程中,由于外观没有实际检测数据,对外观的评估主要是在对导弹进行年检测试时,靠部队专业操作、管理人员对外观进行打分判断,而且像铅漆封、插头和其他一些裸露部件会随着导弹使用寿命的延长而开始老化和生锈,综合以上几方面因素,外观的标准化处理模型为

$$y = \frac{x-a}{100} \qquad (3.1)$$

式中:x 为由部队的使用管理人员根据实际情况对外观进行判断打分的分值,打分标准为优(90~100)、良(75~89)、中(60~75)、差(<60)(表3.4),将使用管理人员主观判断的定性结果,转化为定量处理结果,便于判断结果的标准化处理;a 为导弹的存储折算时间,以年为单位,主要是考虑在不同年代而使用管理人员评价相同情况的区别。

表 3.4 外观质量等级划分

质量等级	外 观 状 况	分值区间	修正系数
1	漆面完好,外观无损坏且标志完整、清晰	100~90	1.00
2	涂层局部轻微脱落(半径小于1mm),点状锈蚀,轻微划伤,标志完整,外观轻微受损,不影响装备使用	89~75	1.05
3	涂层局部脱落(半径大于1mm),锈蚀明显、有剥落,划伤长度与深度在允许范围内,标志不全,外观轻度受损,不影响装备使用	75~60	1.10
4	涂层大面积脱落、锈蚀、划伤较长较深,标志不全,外观受损,影响装备使用	60以下	1.15

表中修正系数将在第5章无测试数据单机质量状态评估中使用。

以弹体结构为例,对外观进行评估与处理,如下所述:

(1)外观信息收集。根据部队实际情况,在每年对弹体结构定期检查期间,由部队专业技术人员根据外观实际情况,直接进行判断打分,如表3.5所列。

表 3.5 外观数据收集

弹体结构编号	外 观			
	铅漆封	仪器外壳	插头插座	检查时间/年
0001	99	98	98	1
	99	95	95	2
	89	96	93	3
	88	97	93	4
	89	93	88	5

（2）外观数据标准化处理。将收集的外观数据按要求代入标准化处理公式(3.1)，得出结果如表 3.6 所列。

表 3.6　外观数据标准化处理结果

外　　观	第 1 年	第 2 年	第 3 年	第 4 年	第 5 年
铅漆封	0.98	0.97	0.86	0.84	0.84
仪器外壳	0.97	0.93	0.93	0.93	0.88
插头插座	0.97	0.93	0.90	0.89	0.83

3.3　非测试定量质量信息标准化处理

3.3.1　维修情况评估与处理

根据导弹故障程度的不同，将维修情况分为小修、中修、大修三级。因此可从维修的角度来考虑导弹的历史故障，从履历信息获取导弹装备过去的维修情况，并结合维修的次数和级别建立模型如下：

$$y = \frac{a_2 - (\alpha_1 \cdot x_1 + \alpha_2 \cdot x_2 + \alpha_3 \cdot x_3)}{a_2 - a_1} \tag{3.2}$$

式中：α_1、α_2、α_3 为小修、中修、大修分别对应的故障系数；x_1、x_2、x_3 为导弹经历小修、中修、大修的次数；a_2 为导弹维修折算值的最大值或理论极限值；a_1 为导弹维修折算值的最小值。参考 GJB 6288—2008 和经专家讨论，给定 α_1、α_2、α_3，如表 3.7 所列。

表 3.7　装备维修当量折算系数

维修级别	当量系数	当量维修
大修	1.00	各级别系数乘以次数之和
中修	0.30~0.50	
小修	0.02~0.07	

3.3.2　运输里程评估与处理

导弹性能质量状态受铁路、公路运输中振动、冲击等因素的影响，一般随运输里程的增加而下降，而且不同的运输方式对导弹性能质量状态的影响也不相同。导弹的振动冲击的来源主要是铁路运输和公路运输,一般随着运输里程的增加,振动冲击对导弹的影响就越大,而且铁路运输与公路运输的振动冲击程度不同。而导弹装备的最大运输里程是有要求的,因此,可以建立起运输里程的标准化模型:

$$y = \frac{a_2 - (\beta_1 \cdot x_1 + \beta_2 \cdot x_2)}{a_2 - a_1} \tag{3.3}$$

式中:β_1、β_2 为公路运输里程 x_1 和铁路运输里程 x_2 对应的系数,经查阅相关资料,一般地 $\alpha_1 : \alpha_2 = 1 : 10$;$a_2$ 为导弹规定运输里程折算值的最大值或理论极限值;a_1 为导弹规定运输里程折算值的最小值。

另外,地域环境对装备也有所影响,参考 GJB 4384—2002,如表 3.8 所列。

表 3.8 运输区域环境影响系数

运 输 区 域	环境影响系数
长江以北地区	1.00
长江以南(四川、西藏、青海高原、长江以北沿海与海岛地区)	1.20
长江以南沿海与海岛地区 沿海:指沿海岸线向内陆延伸 50km 的带状区域	1.35

3.3.3 存储情况评估与处理

导弹的性能质量状态基本随存储时间延长而逐年下降,导弹在存储的过程中还受到库房里温度和湿度的影响,而且两者共同作用影响性能质量状态的方式不是简单的叠加,而是以一种复杂的理化机理组合影响,库房内的温度和湿度必须严格控制在规定的范围内,综合考虑以上因素,建立如下标准化模型:

$$y = \frac{a_2 - x \cdot k_1 \cdot k_2}{a_2 - a_1} \tag{3.4}$$

式中:$a_1 = 0$;a_2 为规定允许时间;x 为导弹当前存储时间;k_1 为温度折算系数;k_2 为湿度折算系数。

综合考虑导弹地下洞库存储环境比较稳定,温度值和湿度值严格符合要求,而且导弹长期存放于洞库等因素,最后参考国军标和经专家讨论,给定:$k_1 = 1$,$k_2 = 1$;若导弹的存储使用环境发生变化,如到高温、高湿、高寒、高海拔、沙尘等地区执行任务,根据相应的环境变化情况,对 k_1、k_2 进行调整。

根据装备实际经历,储存环境分为室内、室外两类,其环境修正因子取值如表 3.9、表 3.10 所列。

表 3.9　储存使用环境温度修正因子

环　　境		k_1	备　　注
室内	正常	1.00	25±2℃
	较严酷	1.01	0~10℃或32~38℃
	严酷	1.02	<0℃或>38℃
室外	正常	1.01	10~20℃
	较严酷	1.02	0~10℃或20~38℃
	严酷	1.03	<0℃或>38℃

表 3.10　储存使用环境湿度修正因子

环　　境		k_2	备　　注
室内	正常	1	相对湿度小于70%
	较严酷	1.01	相对湿度70%~90%
	严酷	1.02	相对湿度大于90%
室外	正常	1.01	相对湿度小于70%,无雨有风
	较严酷	1.02	相对湿度70%~90%,无雨有风
	严酷	1.03	相对湿度大于90%或小雨无风
	十分严酷	1.04	有雨或雪加大风

3.3.4　测试情况评估与处理

针对导弹随装配套火工品而言,因其使用期内有测试次数的限制,影响其性能质量状态,其他诸如压力密封圈、个别单机等随测试次数增加,性能质量下降。因此根据其实际测试次数,建立如下标准化模型:

$$y = \frac{a_2 - x}{a_2 - a_1} \qquad\qquad (3.5)$$

式中:$a_1 = 0$;a_2 为规定允许最多测试次数;x 为当前测试次数。

3.4　性能参数测试信息标准化处理

性能参数测试信息标准化,也称为无量纲化、规格化,它通过数学变换消除原始参数测试值量纲、数量级的影响,是性能参数测试信息综合的前提。性能参数类型不同、属性不同直接导致了性能参数测试值的量纲和数量级的不同。因此,必须对性能参数测试信息进行标准化处理,才能有效解决这些问题,保证评估结果合理准确。要实现标准化处理,首先要明确各系统测试参数指标要求量值(即期望值),然后通过建立合理的无量化模型,获得各要素无量纲化评估值。该无量纲化评估值反映了各项要素的实际量值满足需求的程度。参考研究相关文献,导弹性能参数测试数据变化主要表现出以下几种模型。

3.4.1 直线型模型

该模型在将性能参数测试值 x 转化成不受量纲影响的相对评估值 f 时,假设二者呈线性关系,即 x 的变化将引起 f 的一个线性变化,其表达式为

$$f_1(x) = ax + b \tag{3.6}$$

式中:x 为性能参数测试值;a、b 为常数。

(1)当性能参数测试值 x 有最大允许值 x_0,且 x 越接近其 x_0,对相对评估值 f 影响越大时,直线型模型可表示为

$$f_{1(1)}(x) = 1 - k\frac{x}{x_0} \tag{3.7}$$

式中:x 为性能参数测试值;x_0 为性能参数上限值;k 为常数。

(2)当性能参数测试值 x 有最小允许值 x_0,且 x 越接近 x_0,对相对评估值 f 影响越大时,直线型模型可表示为

$$f_{1(2)}(x) = k\frac{x}{x_0} - 1 \tag{3.8}$$

式中:x 为性能参数测试值;x_0 为性能参数下限值;k 为常数。

在精度要求不很高时,当性能参数测试值与其相对评估值呈近似线性关系时,可以按直线型无量纲化模型处理。

3.4.2 折线型模型

性能参数测试值在不同区间内的变化对上层要素的影响是不一样,如当 x 小于某个点 x_m 时,x 增大,其上层要素增大,此时其评估值 f 也增大;当 x 大于 x_m 时,x 增大,其上层要素减小,其评估值 f 也减小。在这种情况下,可采用折线型的无量纲化模型来分段处理,当 x_m 为区间中值时,其表达式为

$$f_2(x) = \begin{cases} 1 - k\dfrac{(2x - x_2 - x_1)}{(x_2 - x_1)}, & x \geqslant \dfrac{x_1 + x_2}{2} \\ 1 + k\dfrac{(2x - x_2 - x_1)}{(x_2 - x_1)}, & x < \dfrac{x_1 + x_2}{2} \end{cases} \tag{3.9}$$

式中:x 为性能参数测试值;x_1 为性能参数下限值;x_2 为性能参数上限值;k 为常数。

3.4.3 升半柯西分布模型

当性能参数测试值 x 较小时,其变化对上层要素的影响较为明显,当性能参数测试值 x 较大时,其变化对上层要素的影响不太明显,此时可采用升半柯西分布模型,其表达式为

$$f_3 = (1-k) + k\frac{(x-a)^2}{1+(x-a)^2} \tag{3.10}$$

式中:x 为性能参数测试值;a、k 为常数。

3.4.4 指数模型

当性能参数测试值 x 对上层要素的影响近似呈指数关系时,可采用指数关系模型,其表达式为

$$f_4 = C_1 + C_2 k^{4x/(x_1-x_2)} \tag{3.11}$$

式中:x 为性能参数测试值;x_1、x_2 为性能参数下限值、上限值;C_1、C_2、k 为常数。

3.4.5 开方模型

当性能参数测试值 x 增大对上层要素的影响先快后慢且参数值有上、下限要求时,可采用开方模型,其表达式为

$$f_5 = 1 - \frac{k\sqrt{x}}{1+k\sqrt{x}} \tag{3.12}$$

式中:x 为性能参数测试值;k 为常数。

3.5 性能参数测试信息评估方法

导弹在整个寿命周期中,经历了生产出厂、转运、储存、定期检查、维修保养等诸多环节,每一环节都要对装备进行多次检测,同时积累了大量的历史测试数据,如何有效对历年的测试数据进行分析,挖掘其中蕴含的信息,掌握该型导弹测试参数的性能质量状态变化规律,是装备管理工作急需解决的问题。

开展复杂导弹武器系统性能质量状态评估工作不但涉及多单机子系统、多参数的合格性、稳定性、静态特性、动态特性等分析,而且还涉及奇异数据处理、临界值处理等诸多问题。复杂导弹武器系统性能质量状态主要由其参数测试数据所反映,其当前测试数据固然是其性能质量状态的一种反映,但并不能全面地反映整弹系统的性能质量状态。科学合理地选取测试数据评估方法、充分挖掘参数测试数据所包含的状态信息是复杂导弹武器系统性能质量状态评估的关键

技术之一。

为充分利用日常管理和测试数据,同时挖掘历史测试数据所蕴含的状态信息,对参数未来变化趋势作出预测,综合参数当前、过去与未来信息,考虑复杂导弹武器系统测试数据静态和动态变化特点,科学、全面、精确地评估其性能质量状态,现提出一种基于全时态测试信息的复杂导弹武器系统参数测试数据评估方法。

该方法主要思路为:首先,利用日常及历史管理和测试数据,对复杂导弹武器系统测试数据的静态和动态变化特点进行分析处理;然后,对分析处理后的测试数据进行"五性"分析,"五性"是指综合分析参数测试数据的当前性、所有测试数据表现出的稳定性、所有测试数据中逼近其质量标准的偶然性、测试数据表现出的发展趋势性、未来测试数据超出质量标准的可能性,其中测试数据当前性和偶然性主要体现参数测试数据的局部特性,稳定性、趋势性和可能性体现参数测试数据的整体特性。在时间上,测试数据当前性主要体现目前的特性,稳定性、偶然性和趋势性主要体现过去的特性,可能性则体现未来的特性。

3.5.1 测试数据局部信息挖掘技术

1. 当前参数测量值评估与处理

当前测试数据的评估主要分析当前测试数据的局部和现在信息,有三种处理方法。

(1)第一种是将当前测试数据与参数标准数值相比,得到当前测试数据的评估值,从而评判当前测试数据是否合格。

参数值一般有三种类型:偏大型即其测试数据比其标准数值越大越好,偏小型即其测试数据比其标准数值越小越好,中间型即当其标准数值为某一区间值时测试数据越接近该区间中值越好。

① 当参数值为偏大型时,有

$$y_{\text{clz}} = \frac{x_i - a_1}{a_2 - a_1} \tag{3.13}$$

式中:a_2 为所有参数测试数据的最大值;a_1 为所有参数测试数据的最小值。

经过实际计算可得,对于偏大型参数,x 越大,当前测试数据的评估值越好。

② 当参数值为偏小型时,有

$$y_{\text{clz}} = \frac{a_2 - x_i}{a_2 - a_1} \tag{3.14}$$

式中:a_2 为所有参数测试数据的最大值;a_1 为所有参数测试数据的最小值。

经过实际计算可得,对于偏小型参数,x 越小,当前测试数据的评估值越好。

48

③ 当参数值为中间型时,有

$$y_{clz} = 1 - \frac{|x_i - (a_2 + a_1)/2|}{(a_2 - a_1)/2} \qquad (3.15)$$

式中:a_2 为参数的标准最大值;a_1 为参数的标准最小值。

经过实际计算可得,对于中间型参数,x 值越接近标准中间值,当前测试数据的评估值越好。

(2) 第二种是将当前测试数据和历史数据平均值相比,得到当前测试数据的评估值,从而评判当前测试数据是否合格。

$$y_{clz} = \frac{x_i - \bar{x}}{\max(x_i - \bar{x})} \qquad (3.16)$$

式中:$\bar{x}$ 为参数历史测试数据的平均值。

经过实际计算可得,x 越接近平均值,当前测试数据的评估值越好。

(3) 第三种是将当前测试数据和上一次测试数据的差值作为评估值,从而评判当前测试数据是否合格。

$$y_{clz} = \frac{x_i - x_{i-1}}{\max(x_i - x_{i-1})} \qquad (3.17)$$

式中:x_{i-1} 为上一次测试数据。

经过实际计算可得,x 越接近上一次测试数据,当前测试数据的评估值越好。

在实际应用中,通常将三种方法取得的评估值进行综合或取其中一种作为参数当前测试数据的状态评估值。

2. 偶然性评估与处理

偶然性指的是历史测试数据中超过预先设定极限值 x' 的概率的大小。

在对测试数据偶然性进行分析时,需要预先设定极限值 x',由历史测试数据超过预先设定极限值 x' 的概率的大小,评估偶然性成绩,从而评判其偶然性状态。

当参数为偏大型时,预先设定极限值为

$$x' = a_0 + 0.05(a_2 - a_0) \qquad (3.18)$$

式中:a_0 为参数标准值;a_2 为所有参数测试数据的最大值。当测试数据小于 x' 1 次,即判定出现偶然值 1 次。

当参数为偏小型时,预先设定极限值为

$$x' = a_0 - 0.05(a_0 - a_2) \qquad (3.19)$$

式中:a_0 为参数标准值;a_2 为所有参数测试数据的最小值。当测试数据大于 x' 1 次,即判定出现偶然值 1 次。

当参数为中间型时，预先设定极限值为

$$x'_1 = a_{max} - 0.025(a_{max} - a_{min})\qquad(3.20)$$

$$x'_2 = a_{min} + 0.025(a_{max} - a_{min})\qquad(3:21)$$

式中：a_{max} 为参数的标准最大值；a_{min} 为参数的标准最小值。当测试数据大于 x'_1 或小于 x'_2 1 次，即判定出现偶然值 1 次。

当在历史测试数据中，当超过预先设定极限值 x' 的测试数据为 k 个时，则偶然性的评估值为

$$y_{or} = 1 - \frac{k}{m}\qquad(3.22)$$

式中：k 为超过预先设定极限值的测试数据的个数；m 为历史测试数据的总数。

经过实际计算得到，当超过预先设定极限值 x' 的测试数据的数量越少时，测试数据的偶然性评估值也越好。

3.5.2 测试数据整体信息挖掘技术

1. 稳定性评估与处理

稳定性分析，通常以历次的测量值的标准偏差与所有测量值的标准偏差的最大值进行比较，根据标准偏差变化特点，得出测量值稳定性的评估成绩，据此可进一步判断出测量值的稳定状态。

$$y_{wdx} = \begin{cases} 1, & m = 1 \\ 1 - \dfrac{s_1}{a}, & 2 \leqslant m \leqslant 5 \\ 1 - \dfrac{s_2}{a}, & m > 5 \end{cases}\qquad(3.23)$$

式中：$a = (x_{max} - x_{min})/2$，$s_1$ 和 s_2 分别为通过极差法和贝塞尔公式法计算得出的历次测量值的标准偏差。

计算结果表明：s 值相对越小，测量值的稳定性评估成绩相对越好。

下面以某偏大型参数为例：

假设某测试参数共有 m 个测试数据，$x(t_i)$($i \in 1,2,\cdots,m$) 表示该参数在 t_i 时刻的测试数据，该参数的质量标准值为 x_0。

t_1 到 t_m 时刻的最大值为

$$x_{max} = \max(x(t_1), x(t_2), \cdots, x(t_m))$$

t_1 到 t_m 时刻的最小值为

$$x_{min} = \min(x(t_1), x(t_2), \cdots, x(t_m))$$

$\bar{x}$ 表示 t_1 到 t_m 时刻的参数测试数据的平均值：

50

$$\bar{x} = \frac{1}{m} \sum_{i=1}^{m} x(t_i)$$

$\bar{t}$ 表示 t_1 到 t_m 时刻的测试时间的平均值:

$$\bar{t} = \frac{1}{m} \sum_{i=1}^{m} t_i$$

实验标准偏差是用有限次测量的数据,估计得到的标准偏差 s,对其可用以下几种方式求取。

(1) 极差法。

$$s_1 = (x_{max} - x_{min})/d_m \qquad (3.24)$$

式中:极差系数 d_m 对应取 $d = (d_2, d_3, d_4, d_5) = (1.13, 1.69, 2.06, 2.33)$ 中的数值,结合该方法的特点,在 $2 \leqslant i \leqslant 5$ 时,应用该方法。

(2) 贝塞尔公式法。

$$s_2 = \sqrt{\frac{1}{m-1} \sum_{i=1}^{m} (x(t_i) - \bar{x})^2} \qquad (3.25)$$

式中:$x(t_i) - \bar{x}$ 为残差;$m-1$ 为自由度,在 $i>5$ 时,应用该方法。

2. 趋势性评估与处理

趋势性分析是将历次测量值的线性回归斜率相对于所有测量值的线性回归斜率的最大值进行比较,根据测量值线性回归斜率的变化特点,得出趋势性评估成绩,据此可进一步判断出测量值的趋势走向。

1) 确定线性回归斜率

利用最小二乘法确定线性回归斜率。由于 x 代表 DF-11A 导弹某一参数测量值,t 代表对应的测试时间,所以可假设 $x = a + bt$ 为 t 与 x 的回归方程。假设在某一时间 t_i 条件下 x 的总体平均估计值为 $(a + bt_i)$,计算 $x(t_i)$ 与 $(a + bt_i)$ 之差的平方:$\{x(t_i) - (a + bt_i)\}^2$,如果确定使其和:$Q = \sum \{x(t_i) - (a + bt_i)\}^2$ 最小的 a 和 b,就可得到利用 t 估计波动最小的 x 值的回归方程。这种方法被称为最小二乘法。可用下式计算 a 和 b:

$$a = \bar{x} - b\bar{t} \qquad (3.26)$$

$$b = r \frac{s_x}{s_t} \qquad (3.27)$$

式中:r 为相关系数;s_t、s_x 为 t 和 x 的标准偏差。

引入"相关系数 r",目的是从定量方面精确地度量两个变量之间的线性相关程度。

(1) 相关系数的计算公式。两个变量 t 与 x 之间的线性相关程度可用相关

51

系数 r 来度量。其计算公式为

$$r = \frac{S_{tx}}{\sqrt{S_{tt}S_{xx}}} \qquad (3.28)$$

式中：$S_{tt} = \sum_{i=1}^{m}(t_i - \bar{t})^2$ 为 t 的偏差平方和；$S_{xx} = \sum_{i=1}^{m}(x_i - \bar{x})^2$ 为 x 的偏差平方和；$S_{tx} = \sum_{i=1}^{m}(t_i - \bar{t})(x_i - \bar{x})$ 为 t 与 x 的偏差积之和。

t 的偏差平方和 S_{tt} 可以反映数据 $t_1, t_2, \cdots, t_m$ 的散布程度；x 的偏差平方和 S_{xx} 可以反映数据 $x_1, x_2, \cdots, x_n$ 的散布大小；S_{tt} 和 S_{xx} 永远大于 0，但偏差积之和 S_{tx} 可正可负，关系数 r 与 S_{tx} 符号一致。

（2）相关系数的几何意义。相关系数 r 的取值在 $[-1, 1]$ 范围内，相关系数 r 的变化可分为以下 7 种情况，如表 3.11 所列。

表 3.11　相关系数 r 的几何意义

R	意　义	R	意　义
$r = -1$	最佳负相关	$0 < r \leqslant 0.7$	坏的正相关
$-1 < r \leqslant -0.7$	良好负相关	$0.7 < r < 1$	良好正相关
$-0.7 < r < 0$	坏的负相关	$r = 1$	最佳正相关
0	不相关，两参数没有丝毫关系		

2）进行标准处理

获得 t_1 到 t_m 时刻的线性回归斜率 b 之后，进一步确定出参数的趋势性状态。

$$y_{qsx} = \frac{3 - |b/10^{[\lg \bar{x}]}|}{3} \qquad (3.29)$$

式中：b 为线性回归斜率；$\bar{x}$ 为测量值的平均值。

计算结果表明：历次测量值的线性回归斜率相对于所有测量值的线性回归斜率的最大值之比越小，表明测量值趋势性的评估成绩相对越好。

3. 可能性评估与处理

可能性分析，根据历次测量值的 3 倍标准偏差超出质量标准值 x_0 或接近质量标准值 x_0 的概率，得出可能性评估成绩，据此可进一步判断出测量值的可能性状态。

根据前面所述测试数据的概率分布符合正态分布的结论（图 3.1），表 3.12 所表示的是置信概率和区间。

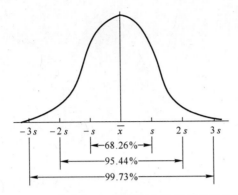

图 3.1　正态分布下置信区间与置信概率示意图

　　这些概率值表明:测量值超出 $\bar{x}\pm2s$ 的可能性为 5%;而测量值超出 $\bar{x}\pm3s$ 的可能性只有 0.3%。所以说,在 $\bar{x}\pm3s$ 的范围内包括了 99.73% 的测试数据,用数理统计的语言来说,就是正态总体落在区间 $\bar{x}\pm3s$ 中的概率为 99.37%,它几乎包括了全部测试数据。鉴于此,本节使用平均值的正负 3 倍方差 $\bar{x}\pm3s$ 与质量标准值 x_0 进行比较,来判断可能性评估成绩。

表 3.12　置信概率和区间

风险度 α	置信概率 $1-\alpha$	k(置信区间[$\pm ks$])
0.3174	0.6826	1.00
0.0500	0.9500	1.96
0.0456	0.9544	2.00
0.0100	0.9900	2.58
0.0027	0.9973	3.00

　　参数测试数据的质量特性服从正态分布 $N(\bar{x},s^2)$,设质量标准值为 x_0,则:

　　(1)当 3 倍方差线 $\bar{x}-3s$ 位于质量标准线 x_0 右侧时,如图 3.2 所示,由于测试数据落在 $\bar{x}-3s$ 左侧的概率为 $0.27\%/2=0.135\%\approx1‰$,属于小概率事件,可忽略,所以当 3 倍方差线 $\bar{x}-3s$ 位于质量线 x_0 右侧时,可能性评估成绩为 $y_{knx}\approx1$。

　　(2)当 3 倍方差线 $\bar{x}-3s$ 位于质量标准线 x_0 左侧时,如图 3.3 所示,对应的 $\bar{x}-3s$ 超过 x_0 概率为

$$p(x)=\int_{\bar{x}-3s}^{x_0}\frac{1}{\sqrt{2\pi}s}\exp\left(-\frac{(x-\bar{x})^2}{2s^2}\right)\mathrm{d}x \qquad (3.30)$$

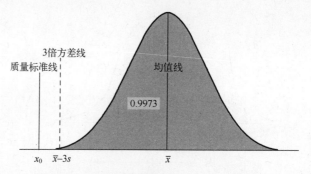

图 3.2　质量标准线位于 3 倍方差线外

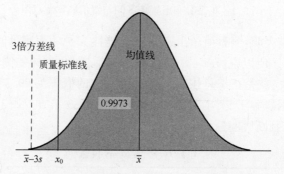

图 3.3　质量标准线位于 3 倍方差线内

进一步得出可能性评估成绩:

$$y_{knx} = 1 - p(x) = 1 - \int_{\bar{x}-3s}^{x_0} \frac{1}{\sqrt{2\pi}s} \exp\left(-\frac{(x-\bar{x})^2}{2s^2}\right) dx \qquad (3.31)$$

综合上述,通过比较 x_0 与 $\bar{x}-3s$,可得出:$\bar{x}-3s$ 超出 x_0 的概率越小,表明测量值可能性的评估成绩相对越好。

3.5.3　参数质量状态指数

在对参数测试数据进行综合评估分析时,通常运用改进层次分析法、专家调查法等确定"五性"相对于该参数重要程度的权重,选择合适的评估模型(如加权和模型),对参数状态进行综合评估,最终给出其质量状态评估值。

设参数测试数据的当前性、稳定性、趋势性、可能性、偶然性的权重分别为 ω_{clz}、ω_{wdx}、ω_{qsx}、ω_{knx}、ω_{orx},若采用加权和模型,则该参数质量状态指数的最终评估值为

$$y_{pgz} = \omega_{clz} y_{clz} + \omega_{wdx} y_{wdx} + \omega_{qsx} y_{qsx} + \omega_{knx} y_{knx} + \omega_{orx} y_{orx} \qquad (3.32)$$

第4章 导弹装备单机质量评估方法

一般根据导弹装备功能、结构原理可划分为多个单机子系统装备。这些单机装备在生产、使用、整修阶段的质量信息各不相同，需要结合每种类型单机装备的自身特点及可能获取的质量信息，研究各自的评估方法。其中，多数单机装备的性能质量状态评估都会涉及评估指标选取技术、指标权重分配技术和评估信息融合技术，这些是单机装备性能质量状态评估的共性技术。

4.1 评估指标选取技术

4.1.1 评估指标选取基本原则与要求

1. 指标选取基本原则

要全面实现对导弹性能质量状态的评估，必须以构建完整的评估指标体系作为基础。为了保证导弹性能质量状态评估的科学性和合理性，评估指标体系的构建应遵循以下原则：

（1）科学性原则：评估指标体系中的各项指标概念要明确，计算范围要准确，信息要精确；反映装备质量形成与变化的规律，既重视装备检验、测量结果因素，也要关注影响质量形成与变化的过程因素。

（2）全面性原则：指标体系应尽量包含影响导弹性能质量状态的基本内容。

（3）独立性原则：所选取的各项评估指标要求内涵清晰，相对独立。

（4）可行性原则：评估指标要适量，内容要结合实际，一般应有相关质量信息支撑，方法要可行。

（5）定性评估与定量评估相结合原则：在评估中，能够从定性和定量的角度，对导弹性能质量状态进行综合评估。

2. 指标选取要求

导弹性能质量状态评估指标体系的构建，遵循以下基本要求：

（1）适应现实情况，评估结果与装备生产、使用实际相符，为军事代表机构、基层部队实际使用提供参考。基于部队实际情况考虑，部队对导弹的实际测试过程，是按照单机测试—分系统测试—综合测试的顺序进行，因此，评估指标体系的划分,采取以单机子系统为基本评估对象进行划分的原则,而不过于较细划分。

（2）能够有效反映导弹性能质量状态。各指标的选择以导弹的生产设计、使用要求为基础,尽可能体现对上层要素的从属性,且各要素之间尽可能相互独立,避免重复交叉;划分过程要运用科学的方法,结合导弹构成的特点,以及各部分(系统)之间的联系和工作过程,来确定质量状态要素名称、含义、评估途径和方法。

（3）方便开展评估工作,有效用于评估。质量状态要素易于理解,同时充分考虑各项质量状态要素的数据信息来源,方便采用定量和定性相结合的方法对导弹性能质量状态进行综合评估。

（4）突出质量状态薄弱环节,抓住主要因素。指标体系的建立,以能够反映导弹性能质量状态的变化趋势为目的,因此指标的选取过程要有针对性,不能面面俱到。

总之,导弹结构十分复杂,涉及分系统、单机、部件非常多,相关的测试参数也非常多,能够反映导弹性能质量的因素非常多,如何建立科学合理的评估指标体系是导弹装备性能质量状态评估的一个重点和难点。

4.1.2　导弹单机性能质量状态评估指标体系的构建

在把导弹分解为多个单机子系统的基础上,运用一定的数学方法,实现对整弹系统性能质量状态评估。因此,对单机的评估是整弹系统评估的基础,单机评估指标体系的构建尤其重要。

构建单机子系统评估指标体系,主要考虑以下因素:

（1）单机的功能、结构特点。

（2）单机的性能参数检验、测试参数指标,保证性能参数检验、测试数据有效利用。

（3）符合军事代表室、部队实际应用情况。

（4）单机生产过程及使用服役过程如原材料、生产过程控制情况、质量问题处理、使用履历信息和储存环境等因素。

（5）单机的外观信息。

1. 性能参数检验与测试评估指标

检验、测试参数评估指标是军事代表机构、基层部队对单机检验、检查过程中具体测试的参数指标,在很大程度上直接反映着单机质量状态。军事代表机构、基层部队主要根据这些测试指标来判断单机性能的好坏,并且将所有参数测试数据记录备案。不同类型单机的检验、测试参数各指标不相同,如某型导弹弹头的测试参数指标主要是气密性和对接情况,冷喷的测试参数指标主要是性能测试,弹载计算机的测试参数指标主要是单元测试。详细如图 4.1 所示。同时,也应注意到同一单机在生产、使用阶段检验、测试的参数有所不同,因而应分别选取、构建其评估指标。

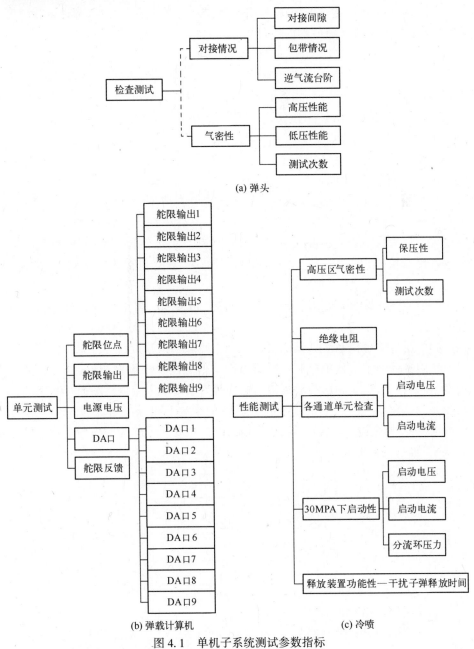

(a) 弹头

(b) 弹载计算机

(c) 冷喷

图 4.1　单机子系统测试参数指标

以冷喷的"高压区气密性"为例,做如下简要说明:

(1)保压性。用纯度大于99%的氮气检测气密性,充气至425kPa,保压1h,余压不低于365kPa为合格。在操作无误情况下,以不漏气为优。

(2)测试次数。在进行保压测试时,测试次数的多少,会对零部件老化速度产生影响,从而影响冷喷的性能质量状态。

2. 过程评估指标

同一单机装备在生产、使用、整修阶段涉及影响其质量的过程因素各有不同、侧重,因而选取过程评估指标时差异较大;不同类型单机生产、使用、整修过程因素的影响也有所差异,因此选取过程评估指标时,应注意到不同类型单机装备、不同寿命阶段的过程影响因素差异。

单机生产过程的评估指标主要从元器件原材料及过程信息因素中选取。以某型平台为例,予以说明。

(1)原材料元器件情况,包括产品名录管理情况、代料情况和入厂检验数据的稳定性等信息。

(2)过程状态控制情况,包括工序质量检验、关键件与重要件质量控制、特殊过程质量控制、外协外购件质量控制、技术状态控制和非金属材料划线等信息。

(3)质量问题处理情况,包括代料、偏离、超差和严重质量问题处理闭环过程等信息。

(4)质量管理体系运转情况,包括人员、测试与试验设备等信息。

使用过程中主要从单机服役履历方面的信息因素中选取指标,这方面信息较多,其中存储、运输和历史故障维修情况等因素对子系统的性能质量状态的影响较大,不同的因素对子系统性能质量状态的影响不同,结合部队实际情况及专家意见,将维修情况、运输里程和存储情况三个主要因素作为服役履历信息的评估指标,如图4.2所示。

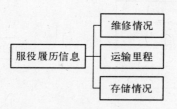

图4.2　服役履历信息评估指标

以固体发动机为例,做如下说明:

(1)维修情况。维修次数多少、维修程度(小修、中修、大修)高低,反映导弹内部各系统潜在问题也不一样,相应的质量状态也不一样。维修情况间接反映了固体发动机的性能质量状态。

(2)运输里程。导弹在全寿命过程中要经过公路运输和铁路运输等各种不同的运输,而且在运输过程中导弹会受到不同程度的振动和冲击,运输距离越长会使得导弹受振动和冲击的影响加重,因此固体发动机的性能质量状态也会因运输里程的增加而降低。

(3)存储情况。导弹全寿命过程中的各种环境包括温度、湿度、太阳辐射、降水、海拔、沙尘、盐雾和风等。各种不同的环境会导致导弹元器件的失效,如低相对湿度会导致脆化、粉碎、干燥等,高相对湿度会导致吸收潮气、腐蚀、氧化、电解等,高温会导致热老化、结构变化、金属氧化、设备过热、物理膨胀等。因此,在此类环境中储存使用,固体发动机的性能质量状态会随着储存使用时间的延长而呈下降趋势。

3. 外观评估指标

外观信息主要是指子系统的外表面状况(简称外观),基本上是所有单机装备在寿命阶段都要检查的项目。导弹在飞行过程中,会与空气产生高速摩擦,外观对保护整个导弹的完好性起着举足轻重的作用,外观的好坏直接关系着导弹能否成功发射,因此外观的好坏影响着各单机的性能质量状态。但这一因素对不同单机的质量状态影响不一,有的非常重要(如弹头外观),有的则较为轻微(如一些弹上仪器的表面外壳漆层),因而选取时,应根据实际影响程度决定取舍。不同单机子系统外观包含的因素不同,对其质量状态影响程度也不相同。例如,弹体结构的外观主要包括铅漆封、仪器外壳和插头插座,如图4.3所示。

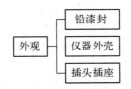

图4.3 弹体结构的外观评估指标

弹体结构的外观具有预防锈蚀、腐蚀和霉变作用,在导弹飞行过程中具有很好的隔热与防护作用。对外观选取,做如下说明:

(1)铅漆封。会随着导弹使用寿命延长而开始老化和生锈,影响弹体结构的完好性。

(2)仪器外壳。会随着导弹使用寿命延长而开始老化和生锈,影响导弹的气动性能。

（3）插头插座。会随着导弹使用寿命延长而开始老化和生锈，影响导电性、电路通断，并引起电流电压发生改变。

根据上述所选取的单机评估因素，以某型导弹弹头使用质量状态评估为例，主要从测试参数指标、过程质量信息和外观质量信息等几个方面构建其性能质量状态评估指标体系，如图4.4所示。

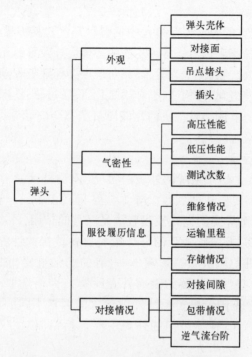

图4.4　弹头的性能质量状态评估指标体系

同样，可构建导弹装备其他单机子系统，如平台、惯性组合、干扰装置、弹体结构、综合测试、弹载计算机、弹上电池、配电单机、安全机构、发动机、火工品、冷喷、突防、尾段等性能质量状态评估指标体系，在此就不再逐一叙述。

4.2　指标权重分配技术

4.2.1　指标权重分配方法概述

权重也称加权系数，体现了评估指标对整体贡献的大小，确切地说，以某种数量对比形式衡量各评估指标在总体中的相对重要程度，以量值形式表示。

权重体现了专家的引导意图和价值观念,起到了突出重要指标的作用。指标在总体的重要程度决定着指标对综合评估结果贡献的大小,因此权重的大小直接影响综合评估结果,权重数值的改变会引起评估结果的改变,甚至引起被评估对象优劣顺序的变化,所以合理地分配指标权重值相当重要。

指标权重的确定方法很多种,大致可以分为:

(1)主观判断法。可以根据评估的实际问题和评估者的经验知识,合理地确定其权重,但是权重的确定会有很大的主观性。比较常用的方法有相对比较法、模糊区间法、德尔菲法、连环比对法、二项系数加权法和重要性排序法等。

(2)客观赋权法。主要是依据各指标提供的信息量和指标间的联系程度来确定指标权重,具有较强的数学理论依据,但是确定的权重可能与实际情况不一致。比较常用的方法有多元回归分析法、相关系数法、熵值法、变异系数法、主因子分析法、夹角余弦法和灰色关联分析法等。

在对导弹装备性能质量状态评估过程中,涉及大量的定量指标和定性指标。评估指标不仅具有多层次、多角度的特点,而且对导弹性能质量状态的影响程度各不相同。因此在对指标进行比较、分析、判断、评估、预测时,对指标的影响力、重要性、优先程度等进行量化是比较困难的,主要是靠专家的主观选择判断,不仅依靠一个专家判断,更需要多个专家的智慧,同时还要对评估指标进行客观分析,运用客观赋权法确定指标权重,然后主客观权重组合确定最终评估指标权重,以实现对导弹装备性能质量状态科学合理评估。

4.2.2 AHP 法确定指标权重

由于 AHP 法和 Delphi 法比较成熟,目前已被广泛应用,结合导弹装备评估实际,以测试数据的当前性、历史测试值稳定性与趋势性、测试值突破与接近性能标准的偶然性、未来测试值突破性能标准的可能性概率(以下简称"五性")为例,进行权重确定,具体过程如下:

(1)确定指标权重标度。为了能够定量描述任意两个指标对于某一准则的相对优越程度,方便指标间的比较,从而实现判断矩阵定量化。在此采用 1~9 标度法来判断各指标的权重,如表 4.1 所列。

表 4.1　Saaty 教授提出的 1~9 标度法

重要度级别	重要度关系描述(元素 i 和元素 j)
1	i 和 j 同等重要
3	i 比 j 稍微重要
5	i 比 j 重要

重要度级别	重要度关系描述(元素 i 和元素 j)
7	i 比 j 重要得多
9	i 比 j 极为重要
2,4,6,8	介于上述两个相邻判断的中值
上述标度倒数	i 对 j 的标度为 d_{ij},反之则为 $1/d_{ij}$

（2）设计调查问卷。调查问卷的设计要简洁大方,语言简单明了,易于读者理解和填写,便于信息最终的统计和整理。限于篇幅,调查问卷内容设计不再详述。问卷的打分要求参考表 4.1。

（3）选择专家。一般情况下,选择相关专业领域中既有资深理论修养又有实际工作经验的专家。共邀请 8 名专家组成专家组,构成专家集 $S = \{S_1, S_2, \cdots, S_8\}$。主要包括:生产厂方专家 2 名,基层部队技术专家 2 名,基层部队操作号手 2 名,科研院所专家 2 名。人员分配各占 25%。

（4）专家打分。将需要确定指标权重的问卷发给专家,要求所有专家按照问卷规定打分。

（5）问卷处理。将收回的问卷进行简要处理。主要是检查问卷填写是否符合要求,不符合要求的问卷需重新填写,并核对有效问卷的数量。

（6）构建初始判断矩阵。专家组其中的一名专家 $S_k, k \in (1,2,\cdots,8)$,根据理论和工作经验,按照打分要求对测试数据的"五性"指标进行权重打分,给出判断矩阵:

$$\boldsymbol{A}^k = \begin{bmatrix} 1 & 1/2 & 2 & 3 & 5 \\ 2 & 1 & 3 & 4 & 7 \\ 1/2 & 1/3 & 1 & 3 & 2 \\ 1/3 & 1/4 & 1/3 & 1 & 1 \\ 1/5 & 1/7 & 1/2 & 1 & 1 \end{bmatrix}$$

（7）计算指标权向量,并进行一致性检验。指标权向量的计算,主要是计算判断矩阵的最大特征值及特征向量,通常可以采用方根法、特征根法、和法、最小二乘法等方法,本章采用方根法进行计算,计算步骤如下:

步骤 1:计算判断矩阵的每一行元素的乘积 M_i:

$$M_i = \prod_{j=1}^{n} r_{ij}, i \in (1,2,\cdots,n) \tag{4.1}$$

步骤 2:计算 M_j 的 n 次方根 $\overline{\omega}_i$:

$$\overline{\omega}_i = \sqrt[n]{M_i} \tag{4.2}$$

步骤 3：对 $\overline{W} = [\overline{\omega}_1, \overline{\omega}_2, \cdots, \overline{\omega}_n]^T = [0.6153 \quad 1.0000 \quad 0.3614 \quad 0.1778$
$0.1525]^T$ 进行归一化处理得 ω_i：

$$\omega_i = \frac{\overline{\omega}_i}{\sum\limits_{j=1}^{n} \overline{\omega}_i} \tag{4.3}$$

则 $W = [\omega_1, \omega_2, \cdots, \omega_n]^T = [0.2667 \quad 0.4334 \quad 0.1567 \quad 0.0771 \quad 0.0661]^T$ 所求的特征向量即为各指标的权向量。

步骤 4：计算判断矩阵 R 的最大特征根 λ_{max}。

建立判断矩阵,能将思维数学化,有助于问题的分析,但是多阶判断矩阵存在复杂性,某些数值可能前后矛盾,各判断矩阵之间不一定协调一致。

若判断矩阵不完全一致,相应的特征根 λ 也发生变化,因此,引入最大特征根 λ_{max}：

$$\lambda_{max} = \frac{1}{n}\sum_{i=1}^{n}\frac{[Aw]_i}{\omega_i} = 5.0940 \tag{4.4}$$

式中：$[Aw]_i$ 为向量 AW 中的第 i 个元素。

步骤 5：一致性检验。

以 λ_{max} 与判断矩阵的阶数 n 之差除以 $n-1$ 后所得的比值,作为度量判断矩阵偏离一致性指标 CI(Consistency Index)：

$$CI = \frac{\lambda_{max} - n}{n-1} = 0.0235 \tag{4.5}$$

CI 值越大,表明判断矩阵偏离一致性的程度越大;反之,越与完全一致性接近。

对于多阶判断矩阵,引入平均随机一致性指标(Random Index,RI),表 4.2 给出了 1~15 阶正互反矩阵计算 1000 次得到 RI 值。

表 4.2　平均随机一致性指标 RI 值

阶数	1、2	3	4	5	6	7	8	9	10	11	12	13	14	15
RI	0	0.52	0.89	1.12	1.26	1.36	1.41	1.46	1.49	1.52	1.54	1.56	1.58	1.59

当指标数小于 3 时,判断矩阵具有完全一致性。当指标数大于 3 时,利用随机一致性比率(Consistency Ratio,CR)进行一致性检验,即

$$CR = \frac{CI}{RI} = \frac{0.0235}{1.1200} = 0.0210 \tag{4.6}$$

当 CR<0.1 时,认为判断矩阵具有可以接受的一致性;当 CR≥0.1 时,就需要专家 S_k 通过重新打分来调整和修正判断矩阵,重新计算,直到一致性检验通

过为止。本例 CR=0.0210<0.1,所以一致性可接受。

（8）最终确定指标权重。通过专家集 $S=\{S_1,S_2,\cdots,S_8\}$ 中专家打分,最终获得 8 组权重,为减少人为主观判断所带来的偏差,取 8 组权重的平均值作为最终应用权重,即

$$W=\frac{\sum\limits_{k=1}^{8}W_k}{8}\tag{4.7}$$

式中:W 为最终应用权重;W_k 为通过第 k 名专家打分计算出的权重,$k\in(1,2,\cdots,8)$。得出"五性"各指标的权重,如表 4.3 所列。

表 4.3　AHP 法确定"五性"指标权重

指　　标	当 前 性	稳 定 性	趋 势 性	可 能 性	偶 然 性
专家 1	0.2667	0.4334	0.1567	0.0771	0.0661
专家 2	0.2889	0.4265	0.1440	0.0762	0.0645
专家 3	0.2659	0.4472	0.1424	0.0815	0.0631
专家 4	0.2652	0.4424	0.1454	0.0921	0.0549
专家 5	0.2601	0.4484	0.1536	0.0759	0.0620
专家 6	0.2750	0.4419	0.1517	0.0671	0.0644
专家 7	0.2472	0.4967	0.1314	0.0634	0.0612
专家 8	0.2363	0.4636	0.1543	0.0684	0.0773

4.2.3　多专家意见融合法确定权重

由上述 AHP 法可知,每个专家的意见并非完全一致,有时甚至大相径庭,此种情况下,最简单的方法就是将根据各个专家意见得到权重值进行加和平均,确定最终权重值,如表 4.4 所列,将表 4.3 中多个专家意见融合得到最终权重值。

表 4.4　融合多专家意见的"五性"权重

指　　标	当 前 性	稳 定 性	趋 势 性	可 能 性	偶 然 性
专家 1	0.2667	0.4334	0.1567	0.0771	0.0661
专家 2	0.2889	0.4265	0.1440	0.0762	0.0645
专家 3	0.2659	0.4472	0.1424	0.0815	0.0631
专家 4	0.2652	0.4424	0.1454	0.0921	0.0549
专家 5	0.2601	0.4484	0.1536	0.0759	0.0620

指　　标	当 前 性	稳 定 性	趋 势 性	可 能 性	偶 然 性
专家 6	0.2750	0.4419	0.1517	0.0671	0.0644
专家 7	0.2472	0.4967	0.1314	0.0634	0.0612
专家 8	0.2363	0.4636	0.1543	0.0684	0.0773
最终权重	0.2632	0.4500	0.1474	0.0752	0.0642

事实上,每个专家对某一集指标的领域知识、理解各有不同,简单地平均可能把重要意见淹没,因此应考虑到专家差异性来确定评估指标权重。

以某型导弹弹头一级评估指标为例,假设有 5 位来自设计、军事代表机构、研究院、部队使用人员等不同单位的专家对其一级指标(外观、气密性、基本情况、对接情况)的权重进行了调查,运用层次分析法确定了每个专家认为的权重:

$$w_1 = \begin{bmatrix} w_1(1) & w_1(2) & w_1(3) & w_1(4) \end{bmatrix}$$

$$w_2 = \begin{bmatrix} w_2(1) & w_2(2) & w_2(3) & w_2(4) \end{bmatrix}$$

$$w_3 = \begin{bmatrix} w_3(1) & w_3(2) & w_3(3) & w_3(4) \end{bmatrix}$$

$$w_4 = \begin{bmatrix} w_4(1) & w_4(2) & w_4(3) & w_4(4) \end{bmatrix}$$

$$w_5 = \begin{bmatrix} w_5(1) & w_5(2) & w_5(3) & w_5(4) \end{bmatrix}$$

假设 5 个专家的可信度依次为

$$[\alpha_1, \alpha_2, \alpha_3, \alpha_4, \alpha_5]$$

调整后的权重判断矩阵为

$$\boldsymbol{A} = \begin{bmatrix} w_1(1)\alpha_1 & w_1(2)\alpha_1 & w_1(3)\alpha_1 & w_1(4)\alpha_1 & w_1(\theta) \\ w_2(1)\alpha_2 & w_2(2)\alpha_2 & w_2(3)\alpha_2 & w_2(4)\alpha_2 & w_2(\theta) \\ w_3(1)\alpha_3 & w_3(2)\alpha_3 & w_3(3)\alpha_3 & w_3(4)\alpha_3 & w_3(\theta) \\ w_4(1)\alpha_4 & w_4(2)\alpha_4 & w_4(3)\alpha_4 & w_4(4)\alpha_4 & w_4(\theta) \\ w_5(1)\alpha_5 & w_5(2)\alpha_5 & w_5(3)\alpha_5 & w_5(4)\alpha_5 & w_5(\theta) \end{bmatrix}$$

其中

$$w_1(\theta) = 1 - w_1(1)\alpha_1 - w_1(2)\alpha_1 - w_1(3)\alpha_1 - w_1(4)\alpha_1$$

$w_2(\theta)$、$w_3(\theta)$、$w_4(\theta)$、$w_5(\theta)$ 的计算依次类推。

根据证据理论合成规则:

步骤 1: 取第 1 位和第 2 位专家确定的权重值(即上矩阵的第 1 行和第 2 行),根据证据融合法则求直和,得第 1 次融合:

$$\text{Bel}_{12} = A_1 \oplus A_2$$

步骤 2:取第 3 位专家确定的权重(矩阵第 3 行),和前一次融合结果进行融合:

$$\text{Bel}_{123} = \text{Bel}_{12} \oplus A_3$$

步骤 3:上述结果再与第 4 行融合,后所得结果与第 5 行融合得最终权重向量,归一化后即可求得最后采用的一级指标权重值。

利用上述方法,求出弹头各级评估指标的权重,如表 4.5 所列。

表 4.5　弹头各级评估指标权重分配

名　称	一级指标	权　重	二级指标	权　重
弹头	外观	0.0376	弹头壳体	0.4241
			对接面	0.1127
			吊点堵头	0.0391
			插头	0.4241
	气密性	0.7052	高压性能	0.3735
			低压性能	0.4573
			测试次数	0.1693
	服役履历信息	0.1286	维修情况	0.5568
			运输里程	0.2911
			存储情况	0.1522
	对接情况	0.1286	对接间隙	0.3333
			包带情况	0.3333
			逆气流台阶	0.3333

同理可得到其他单机子系统评估指标的权重和整弹系统各级评估指标的权重,在此就不再逐一叙述。

4.2.4　熵权法确定权重

熵权法是从评估指标数值差异出发,通过熵值确定各指标权重系数的客观评估方法。设系统包含有 m 个评估指标和 n 个评估对象,第 $i(1 \leq i \leq m)$ 个评估对象的第 $j(1 \leq j \leq n)$ 个指标的原始评估数据为 x_{ij},建立基于原始数据的评估矩阵 $X = (x_{ij})_{m \times n}$,标准化得到标准化评估矩阵 $Y = (y_{ij})_{m \times n}$,其中

当 I_1 为效益型指标时,有

$$y_{ij} = \frac{x_{ij} - \min\limits_{j} x_{ij}}{\max\limits_{j} x_{ij} - \min\limits_{j} x_{ij}} \qquad i \in I_1$$

当 I_1 为成本型指标时,有

$$y_{ij} = \frac{\max\limits_{j} x_{ij} - x_{ij}}{\max\limits_{j} x_{ij} - \min\limits_{j} x_{ij}} \qquad i \in I_1$$

第 i 个分指标的熵值为

$$Hi = -k \sum_{j}^{n} f_{ij} \ln f_{ij} \qquad i = 1, 2, \cdots, m$$

其中, $k = \dfrac{1}{\ln n}$, $f_{ij} = \dfrac{y_{ij}}{\sum\limits_{j=1}^{n} y_{ij}}$,当 $f_{ij} = 0$ 时, $f_{ij} \ln f_{ij} = 0$。

第 i 个指标的熵权为

$$E_i = \frac{1 - H_i}{m - \sum\limits_{i=1}^{m} H_i} \qquad i = 1, 2, \cdots, m$$

所求指标的熵值越小,熵权值越大,系统所含的信息量越大,该指标权重就越高,熵权值可作为客观权重,设客观权重向量为

$$\boldsymbol{Q}_i = (q_1, q_2, \cdots, q_n)^{\mathrm{T}}$$

4.3 评估信息融合技术

单机子系统性能质量状态评估的实质将性能参数检验测试数据、生产与使用过程各类质量信息等多源异构信息的融合结果,根据导弹装备单机子系统质量状态的特点,结合当前信息融合的主要研究方法,选取加权和、TOPSIS(Technique for Order Preference by Similarity to an Ideal Solution)、模糊逻辑、神经网络等方法作为导弹装备单机性能质量评估的主要方法,分别用于求取单机性能质量状态指数、质量状态排序和质量状态等级划分,以满足装备质量管理工作需要。

4.3.1 加权综合评估法

在单机子系统底层各类评估指标如检验测试数据标准化处理与评估、过程各类质量信息标准化处理和已知各层次指标评估权重的基础上,最常用的质量状态评估方法就是加权和综合评估,即由同一评估层次的指标标准化评估值与其权重相乘后再相加,由低层至高层,最终求得单机整体质量状态评估值。在加权和评估方法中,常用的是线性加权和评估,也存在继续细分评估方法,如几何加权和评估,其目的是拉开评估对象结果值之间距离,便于区别评估对象差异。

下面用实例对比二者评估结果。

随机抽选某型导弹6枚弹头6年的各类质量信息记录数据,分别采用线性加权综合评估法和几何加权综合评估法对其进行评估,得出评估分值,如表4.6所列。

表4.6 两种加权方法评估分值比较

弹头	弹头1	弹头2	弹头3	弹头4	弹头5	弹头6
线性加权综合评估法	87.22	85.86	84.46	89.36	84.02	89.37
几何加权综合评估法	86.56	85.33	83.02	88.43	83.33	88.57
两种方法对应差值比较	0.6597	0.5317	1.4462	0.9208	0.6960	0.8026

可以得出:

(1)排列顺序比较。按照评估分值由大到小的顺序排列,如下所述。

线性加权法:弹头6,弹头4,弹头1,弹头2,弹头3,弹头5。

几何加权法:弹头6,弹头4,弹头1,弹头2,弹头5,弹头3。

(2)相邻两者之间差值比较。参考弹头评估分值排列顺序,对使用同一种评估方法的相邻弹头进行比较,结果如表4.7所列。

表4.7 某型弹头评估值分值拉开情况比较

	比较对象	弹头6	弹头4	弹头1	弹头2	弹头3
线性加权综合评估法		弹头4	弹头1	弹头2	弹头3	弹头5
	差值	0.0198	2.1383	1.3554	1.3985	0.4419
	差值平均值			1.0708		
	差值之和			5.3538		
	比较对象	弹头6	弹头4	弹头1	弹头2	弹头5
几何加权综合评估法		弹头4	弹头1	弹头2	弹头5	弹头3
	差值	0.1379	1.8772	1.2274	2.0047	0.3083
	差值平均值			1.1111		
	差值之和			5.5555		

通过上述比较,总结如下:

(1)由于对导弹装备进行性能质量状态评估时,各单机涉及的测试数据数量比较庞大,而且所用的导弹装备的各项测试参数均属合格,其质量评估值比较均衡,因此分别对多个单机进行具体评估时,可使用线性加权法。

(2)从评估得出分值的拉开幅度来看,几何加权综合评估法得出的值比线性加权综合评估法得出的值差距更为明显,因此,利用几何加权综合评估法可以适当拉开分值,便于区分评估对象的差别,解决导弹评估成绩分布过于集中的问题。

4.3.2 TOPSIS 评估法

TOPSIS 评估法是有限方案多目标决策分析的一种常用方法,是基于归一化后的原始数据矩阵,找出有限方案的最优方案和最劣方案,分别计算各个评估对象与最优方案、最劣方案的距离,获得各评估对象与最优方案的接近程度,以此作为评估优劣的依据。其解决问题思路比较适合评估装备质量,即以真实装备与虚拟的最优、最劣装备相比较,判断真实装备的质量状态。

步骤 1: 某一单机的质量评估问题,其质量影响因素构成决策矩阵 A,由 A 可以构成规范化的决策矩阵 Z',其元素为 Z'_{ij},且有

$$Z'_{ij} = \frac{f_{ij}}{\sqrt{\sum_{i=1}^{n} f_{ij}^2}} \qquad i = 1, 2, \cdots, n; j = 1, 2, \cdots, m \qquad (4.8)$$

式中: f_{ij} 由决策矩阵给出。

$$A = \begin{bmatrix} f_{11} & f_{12} & \cdots & f_{1m} \\ f_{21} & f_{22} & \cdots & f_{2m} \\ \vdots & \vdots & & \vdots \\ f_{n1} & f_{n2} & \cdots & f_{nm} \end{bmatrix} \qquad (4.9)$$

步骤 2: 构造规范化的加权决策矩阵 Z,其元素 Z_{ij} 为

$$Z_{ij} = W_j Z'_{ij} \qquad i = 1, 2, \cdots, n; j = 1, 2, \cdots, m$$

式中: W_j 为第 j 个评估指标的权重。

步骤 3: 确定理想装备和负理想装备。如果决策矩阵 Z 中元素值 Z_{ij} 越大表示方案越好,则

$$Z^+ = (Z_1^+ \quad Z_2^+ \quad \cdots \quad Z_m^+) = \{\max Z_{ij} | j = 1, 2, \cdots, m\} \qquad (4.10)$$

$$Z^- = (Z_1^- \quad Z_2^- \quad \cdots \quad Z_m^-) = \{\min Z_{ij} | j = 1, 2, \cdots, m\} \qquad (4.11)$$

步骤 4: 计算每个装备到理想装备的距离 S_i^+ 和到负理想装备的距离 S_i^-。

$$S_i^+ = \sqrt{\sum_{j=1}^{m} (Z_i - Z_j^+)^2} \qquad i = 1, 2, \cdots, n \qquad (4.12)$$

$$S_i^- = \sqrt{\sum_{j=1}^{m} (Z_i - Z_j^-)^2} \qquad i = 1, 2, \cdots, n \qquad (4.13)$$

步骤 5: 按下式计算 C_i,并按每个装备的相对接近度 C_i 的大小排序,给出多

个装备质量状态的顺序。

$$C_i = \frac{S_i^-}{S_i + S_i^-} \qquad (4.14)$$

在诸多的评估方法中，TOPSIS法对原始数据的信息利用最为充分，其结果能精确地反映各个装备质量之间的差距。它对数据分布及样本含量、指标多少没有严格限制，数据计算简单易行，不仅适合小样本资料，也适用于多评估对象、多指标的大样本资料，能够得出良好的可比性评估排序结果。

为保证导弹装备评估结果排序更具科学合理性，在此对线性加权和TOPSIS两种评估方法进行比较，从而针对不同情况、不同目的选择较为合理的排序方法。随机抽选6枚某型导弹导航设备之一（简称导航）的6年质量信息记录数据，采用线性加权综合评估法和TOPSIS法对其进行评估排序比较，得出的最终的排序结果如表4.8所列。

表4.8　线性加权综合评估法和TOPSIS法评估排序结果比较

评估结果排序		第1	第2	第3	第4	第5	第6
线性加权综合评估法	名称	导航1	导航6	导航4	导航3	导航5	导航2
	评估分值	86.87	81.98	80.83	79.71	79.06	78.52
TOPSIS法	名称	导航1	导航6	导航4	导航3	导航5	导航2
	接近度	0.9794	0.4065	0.3017	0.1595	0.1439	0.0218

可以看出：

（1）两种方法从不同角度进行排序，线性加权综合评估法根据最终得出的评估成绩，按照成绩由高及低的顺序对导弹进行排序，易于理解；TOPSIS法根据各指标到"理想解"的距离由近到远的顺序进行排序，区别较为明显。

（2）两种方法得出的最终排序结果相同，按照评估结果由高到低的顺序都为导航1、导航6、导航4、导航3、导航5、导航2，进一步相互验证方法的可行性和可靠性。

（3）TOPSIS法可通过判断出导弹评估成绩的接近度，对导弹进行排序，也可用来验证已排好顺序的导弹的排序准确性。一般比较适合同一批产品之间的评估、性能质量状态较为接近的单机评估。

4.3.3　模糊综合评估法

加权和评估法、TOPSIS评估法能够给出评估对象的顺序，这在诸如重点高价值目标打击选择质量状态较好的单机、导弹的场合具有较高的应用价值，但在平时日常管理、战时成批次发射时并不需要十分严格区分个体单机、导弹的差异,而更需要掌握成批装备处于何种质量状态,如优秀、良好、一般或不合格等状态。

因此,采取科学的方法对装备性能质量状态等级进行划分很有必要。加权和评估结果通常比较集中、差别不明显,难以直接根据评估结果判断出装备性能质量状态等级。如果因为两个装备质量状态评估结果的些微差距,而将其分为不同质量等级,显然是无法令人信服的。而模糊综合评估法是一种将定量指标转化为定性指标的有效方法,在仅需要掌握装备质量等级的场合采用模糊综合评估法对其质量状态等级进行划分。

模糊综合评估结果以向量形式出现,提供的评估信息比其他方法丰富。评估结果向量是一个模糊子集,较为准确地刻画了评估对象本身的模糊状况,在信息的质和量上都具有优越性。同时,评估结果经过进一步加工,又可提供一系列的参考综合信息。例如,按最大隶属度原则,取其值最大的作为评估等级,就可确定评估对象的最终等级;其他还有诸如最大接近度原则、加权平均原则、向量单值化等方法对评估结果进行处理。从对装备质量状态分级角度,最大隶属度原则、最大接近度原则较为适用。

在前述单机评估指标选取、标准化处理和权重分配的基础上,通过如下步骤进行单机质量状态分级模糊评判。

步骤 1:确定质量等级评语集。

结合前述关于导弹装备质量等级划分标准,分别用 s_1、s_2、s_3、s_4 表示优秀、良好、一般和不合格品 4 个等级,则导弹装备性能质量状态空间可表示为 $S = \{s_1, s_2, s_3, s_4\}$。

通过查阅参考文献,并对导弹装备反复进行比较,最后将不合格品(S_4)、一般(S_3)、良好(S_2)和优秀(S_1)对应的主值区间分别划分为 $[0, 0.6]$,$[0.6, 0.75]$,$[0.75, 0.85]$,$[0.85, 1]$。

步骤 2:确定评估指标隶属度。

隶属度是描述导弹装备性能质量状态等级的中间过渡,是精确性对模糊性的一种逼近,即评估结果与状态等级的过渡。隶属度是建立模糊集合论的基础,因此隶属函数是描述模糊性的关键。从实际应用出发,需将导弹装备的定量指标评估值转化为定性评估值,在此采用三角模糊函数作为确定隶属度的方法。选用三角函数来确定评估值 x_i 对应的隶属度。所构造三角隶属函数如下:

不合格 s_4 隶属函数为

$$r_{s_4}(x_i) = 0 \qquad x_i \in [0, 0.6] \qquad (4.15)$$

一般 s_3 隶属函数为

$$r_{s_3}(x_i) = \begin{cases} 0 & x_i \notin \left[0.6, \dfrac{\nu_1+\nu_2}{2}\right] \\[3mm] \dfrac{x_i-0.6}{(0.6+\nu_1)/2-0.6} & x_i \in \left[0.6, \dfrac{0.6+\nu_1}{2}\right] \\[3mm] \dfrac{(\nu_1+\nu_2)/2-x_i}{(\nu_1+\nu_2)/2-(0.6+\nu_1)/2} & x_i \in \left[\dfrac{0.6+\nu_1}{2}, \dfrac{\nu_1+\nu_2}{2}\right] \end{cases} \qquad (4.16)$$

良好 s_2 隶属函数为

$$r_{s_2}(x_i) = \begin{cases} 0 & x_i \notin \left[\dfrac{0.6+\nu_1}{2}, \dfrac{\nu_2+1}{2}\right] \\[3mm] \dfrac{x_i-(0.6+\nu_1)/2}{(\nu_1+\nu_2)/2-(0.6+\nu_1)/2} & x_i \in \left[\dfrac{0.6+\nu_1}{2}, \dfrac{\nu_1+\nu_2}{2}\right] \\[3mm] \dfrac{(\nu_2+1)/2-x_i}{(\nu_2+1)/2-(\nu_1+\nu_2)/2} & x_i \in \left[\dfrac{\nu_1+\nu_2}{2}, \dfrac{\nu_2+1}{2}\right] \end{cases} \qquad (4.17)$$

优秀 s_1 隶属函数为

$$r_{s_1}(x_i) = \begin{cases} 0 & x_i \notin \left[\dfrac{\nu_1+\nu_2}{2}, 1\right] \\[3mm] \dfrac{x_i-(\nu_1+\nu_2)/2}{(1+\nu_2)/2-(\nu_1+\nu_2)/2} & x_i \in \left[\dfrac{\nu_1+\nu_2}{2}, \dfrac{\nu_2+1}{2}\right] \\[3mm] \dfrac{1-x_i}{1-(1+\nu_2)/2} & x_i \in \left[\dfrac{\nu_2+1}{2}, 1\right] \end{cases} \qquad (4.18)$$

式中:$[0,0.6]$、$[0.6,\nu_1]$、$[\nu_1,\nu_2]$、$[\nu_2,1]$ 分别是状态 s_4、s_3、s_2、s_1 的主值区间。

将 $v_1=0.75$ 和 $v_2=0.85$ 分别代入上述公式,可进一步得出:

(1) 不合格 s_4 隶属函数为

$$r_{s_4}(x_i) = 0, x_i \in [0,0.6] \qquad (4.19)$$

(2) 一般 s_3 隶属函数为

$$r_{s_3}(x_i) = \begin{cases} 0 & x_i \notin [0.60, 0.80] \\[3mm] \dfrac{x_i-0.60}{0.675-0.60} & x_i \in [0.60, 0.675] \\[3mm] \dfrac{0.80-x_i}{0.80-0.675} & x_i \in [0.675, 0.80] \end{cases} \qquad (4.20)$$

（3）良好 s_2 隶属函数为

$$r_{s_2}(x_i) = \begin{cases} 0 & x_i \notin [0.675, 0.925] \\ \dfrac{x_i - 0.675}{0.80 - 0.675} & x_i \in [0.675, 0.80] \\ \dfrac{0.925 - x_i}{0.925 - 0.80} & x_i \in [0.80, 0.925] \end{cases} \quad (4.21)$$

（4）优秀 s_1 隶属函数为

$$r_{s_1}(x_i) = \begin{cases} 0 & x_i \notin [0.80, 1] \\ \dfrac{x_i - 0.80}{0.925 - 0.80} & x_i \in [0.80, 0.925] \\ \dfrac{1 - x_i}{1 - 0.925} & x_i \in [0.925, 1] \end{cases} \quad (4.22)$$

其中装备质量状态等级的三角隶属函数曲线分布如图4.5所示。

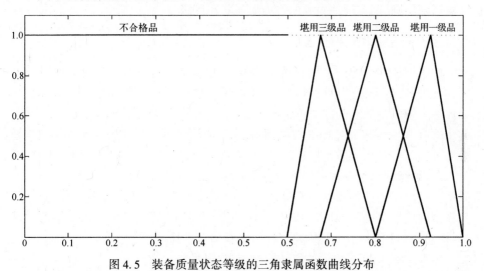

图4.5　装备质量状态等级的三角隶属函数曲线分布

评估对象每个评估指标相对于质量等级的模糊隶属度确定后,即可构建模糊关系矩阵 $\boldsymbol{R}$,则 $\boldsymbol{R}$ 表示为

$$\boldsymbol{R} = \begin{bmatrix} r_{s_1}(x_1) & r_{s_2}(x_1) & r_{s_3}(x_1) & r_{s_4}(x_1) \\ r_{s_1}(x_2) & r_{s_2}(x_2) & r_{s_3}(x_2) & r_{s_4}(x_2) \\ \vdots & \vdots & \vdots & \vdots \\ r_{s_1}(x_m) & r_{s_2}(x_m) & r_{s_3}(x_m) & r_{s_4}(x_m) \end{bmatrix} \quad (4.23)$$

式中：r_{mn} 代表第 m 个因子，对第 n 级隶属程度的大小，即第 m 个因子对第 n 级标准的隶属度。

步骤 3：划分评估对象质量状态等级。

若评估对象 m 个指标的权重分配向量为 $W=\begin{bmatrix} w_1 & w_2 & \cdots & w_m \end{bmatrix}$，则评估对象的模糊综合评估结果向量为

$$B = W \cdot R = \begin{bmatrix} w_1 & w_2 & \cdots & w_m \end{bmatrix} \cdot \begin{bmatrix} r_{s_1}(x_1) & r_{s_2}(x_1) & r_{s_3}(x_1) & r_{s_4}(x_1) \\ r_{s_1}(x_2) & r_{s_2}(x_2) & r_{s_3}(x_2) & r_{s_4}(x_2) \\ \vdots & \vdots & \vdots & \vdots \\ r_{s_1}(x_m) & r_{s_2}(x_m) & r_{s_3}(x_m) & r_{s_4}(x_m) \end{bmatrix}$$

$$= \begin{bmatrix} b_1 & b_2 & b_3 & b_4 \end{bmatrix}$$

$$(4.24)$$

B 表示评估对象从整体上看对质量等级模糊子集的隶属程度。通常按照最大隶属度原则，确定评估对象的性能质量状态等级。

4.3.4　神经网络评估法

基于神经网络的信息融合技术主要是利用神经网络强大的学习和分类功能，将已知质量等级的单机子系统各类质量信息与其质量等级建立映射关系，从而评估未知质量等级的同类单机子系统，事实上是一个融合质量信息的分类器。常用的有 BP 神经网络、RBF 神经网络、支持向量机等，在此以 BP 神经网络构建模型进行单机子系统质量信息的融合。

BP 神经网络是一种多层前馈网络，神经元的传递函数 S 型函数，学习算法采用误差反向传播的梯度下降算法，即 BP 算法。根据具体单机的质量信息、评估模型构建情况确定网络层数、每层节点数、传递函数、初始权系数、学习算法等，构建 BP 评估网络。其构建过程一般有如下步骤。

步骤 1：确定网络输入节点和输出节点数目。

构建的神经网络输入节点与评估对象关系密切。在其评估指标数目不多的情况下，一般输入节点数即单机的评估指标数；当单机评估指标数量较多情况下，如测试的性能参数多达 20 个以上，如果依然把所有评估指标作为输入节点，则构建的网络将十分复杂，通常将表征某一方面的指标先进行综合处理作为一个输入节点，经过综合处理至适当数量，一般不超过 20 个，然后作为网络输入节点。

构建的神经网络输出节点为 4 个，其向量对应着质量评估等级［优秀，良好，一般，不合格］，单机性能质量状态评估输出仅为下列 4 种状态向量之一：
［1，0，0，0］，［0，1，0，0］，［0，0，1，0］，［0，0，0，1］。

步骤 2:隐层数的确定。

1998 年,Robert Hecht-Nielson 证明了对任何在闭区间内的连续函数,都可以用一个隐层的 BP 网络来逼近,因而一个三层的 BP 网络可以完成任意的 n 维到 m 维的映照。因此,网络通常只取一个隐含层,从含有一个隐层的网络开始进行训练。

步骤 3:隐含层节点数的确定。

对于多层前馈网络来说,隐层节点数的确定是成败的关键。若数量太少,则网络所能获取的用以解决问题的信息太少;若数量太多,不仅增加训练时间,更重要的是隐层节点过多还可能出现所谓"过渡吻合"(Overfitting)问题,即测试误差增大导致泛化能力下降,因此合理选择隐层节点数非常重要。关于隐层数及其节点数的选择比较复杂,一般原则是:在能正确反映输入、输出关系的基础上,应选用较少的隐层节点数,以使网络结构尽量简单。

一个单隐层的三层 BP 网络,根据如下经验公式选择隐层节点数:

$$n_1 = \sqrt{n+m} + a \tag{4.25}$$

式中:n 为输入节点个数;m 为输出节点个数;a 为 1~10 之间的常数。

步骤 4:确定样本数目。

样本数目多少直接关系评估结果的精度,在确定样本数目时应遵循以下三个方面的原则:

(1)样本数目必须是大样本,所谓大样本即样本数量不能过少,在其比较容易获取时应尽量扩大样本的数量。

(2)样本必须涵盖所有的评估类别,要求所选择的训练样本应该包含所有质量等级,具有一定代表性,而且资料比较齐全,易整理,否则将影响网络的训练结果。

(3)用传统评估方法对样本数据进行评估时,所得评估结果基本符合样本的实际情况。

样本来源应选取装备设计、监管、使用、维修等各领域专家公认的典型质量等级的单机,否则会影响所构建网络质量。神经网络要求所有的评估指标输入必须介于[0,1]之间,即如前述各类评估指标标准化处理。

步骤 5:网络训练与学习。

将经过处理的样本代入神经网络,对其进行训练学习,使其达到稳定状态。

训练成功后,投入使用,还要经常用同类单机实例进行测试、评估,看输出结果是否满足实际应用要求,使其不断完善。

其他神经网络评估方法中,还有运用支持向量机对装备质量状态进行等级划分,已应用此方法对某型导弹弹体质量状态评估进行了研究。

第5章 导弹装备全寿命质量评估

导弹装备在其生产、使用、整修阶段的质量信息各不相同,尤其是各阶段的过程质量信息差异较大,所检验、测试的性能参数项目既有相同的也有不一致的。相对而言,生产阶段在较短时间内检验、测试较多的项目,而使用阶段为便于战备、作战则是定期测试较少的项目。因此,导弹装备单机子系统在不同寿命阶段的质量信息种类与数量差异较大,即使同一类型单机也需要针对不同寿命阶段分别建立性能质量状态评估模型。

5.1 导弹装备生产质量评估模型

导弹装备生产阶段不同种类单机的质量信息差异很大,因而选取导弹装备典型类型单机如固体发动机、电子产品类的弹上计算机、控制系统类的平台系统、机电产品类的伺服机构和软件类产品作为研究对象,向负责相关产品质量监管的军事代表室发出调查问卷,分析其质量信息特点,分别构建相应的生产阶段性能质量评估模型,为其他型号同类型单机生产质量评估模型构建提供借鉴。

5.1.1 固体发动机生产质量评估模型

分析来自负责监管某型导弹固体发动机生产质量的军事代表室调查意见,表明固体发动机的生产质量主要与功能性能测试信息、原材料元器件质量信息、生产过程信息和整机测试检验信息相关,各类质量信息具体项目包含如下:

(1)功能性能测试信息包括药柱、喷管和发火部件的测试情况。每一部件的特点与设计要求各不相同,分别包含不同测试参数指标。

(2)原材料元器件质量信息包括外协外购产品目录管理情况、原材料元器件入厂检验和储存运输方式等。

(3)生产过程信息包括工艺执行符合度、质量问题处理和重要部件尺寸配合等。

(4)整机检验综合信息包括气密性测试、抽试、外观和备附件配套等方面信息。

根据上述分析,建立的固体发动机生产质量评估模型如图5.1所示,其他型号固体发动机可参考构建评估模型。

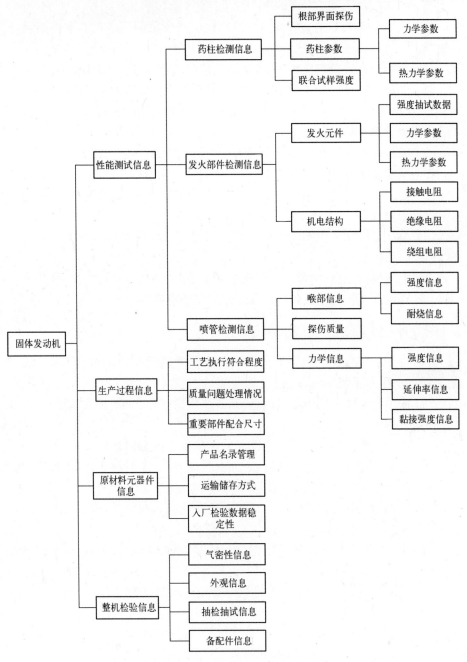

图 5.1 固体发动机生产质量评估模型

5.1.2　弹上计算机生产质量评估模型

分析来自负责监管某型导弹弹上计算机生产质量的军事代表室调查意见,表明弹上计算机的生产质量主要与功能性能测试信息、元器件质量信息、生产过程信息和整机测试检验信息相关,各类质量信息具体项目包含如下:

（1）功能性能测试信息包括功能符合性检验、D/A 输出口测试、256K 频标测试、二次电源测试和控制脉冲测试等情况。每项测试分别包含不同参数指标,以满足弹上计算机特点与设计要求。

（2）元器件质量信息包括外协外购产品目录管理情况、原材料元器件入厂检验和换型超差信息等。

（3）生产过程信息包括工艺质量检验情况、质量问题处理情况和生产测试与试验设备情况等。

（4）整机综合信息包括性能稳定性、尺寸与重量,诸如插接头、减振器和机壳等外观方面信息。

根据上述分析,建立的弹上计算机生产质量评估模型如图 5.2 所示,其他型号弹上计算机及其他电子类产品可参考构建评估模型。

5.1.3　平台系统生产质量评估模型

分析来自负责监管某型导弹弹上平台系统生产质量的军事代表室调查意见,表明弹上平台系统比较复杂,尤其是测试参数众多,评估中予以适当合并。其生产质量主要与功能性能测试信息、元器件质量信息、生产过程信息和整机测试检验信息相关,各类质量信息具体项目包含如下:

（1）功能性测试信息包括仪表误差分离精度、动态精度、三轴精度、结构参数和电源性能等测试情况。不同仪表和测试项又分别包含不同参数指标（图 5.3）,以满足弹上平台系统的设计要求。

（2）原材料元器件质量信息包括外协外购产品目录管理情况、原材料元器件入厂检验和代料情况等。

（3）生产过程信息包括过程状态控制情况、质量问题处理情况和生产测试与试验设备情况等。

（4）整机检验综合信息包括功能性能稳定性与测试通电时间、例行试验、配套,诸如插接头和机壳等外观方面信息等。

根据上述分析,建立的弹上平台系统生产质量评估模型如图 5.4 所示,其他型号弹上平台系统可参考构建评估模型。

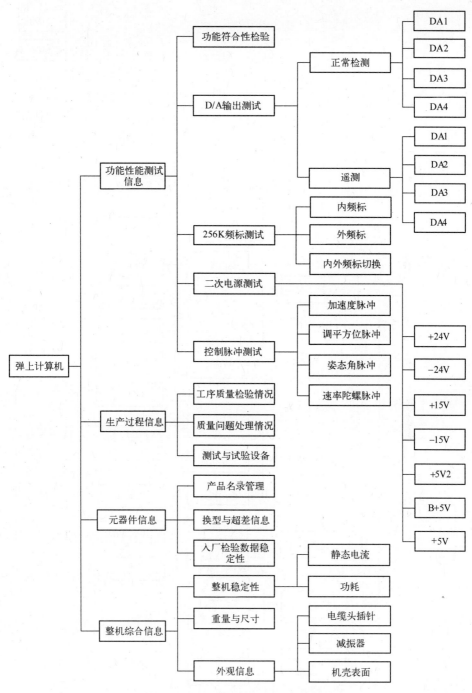

图 5.2　弹上计算机生产质量评估模型

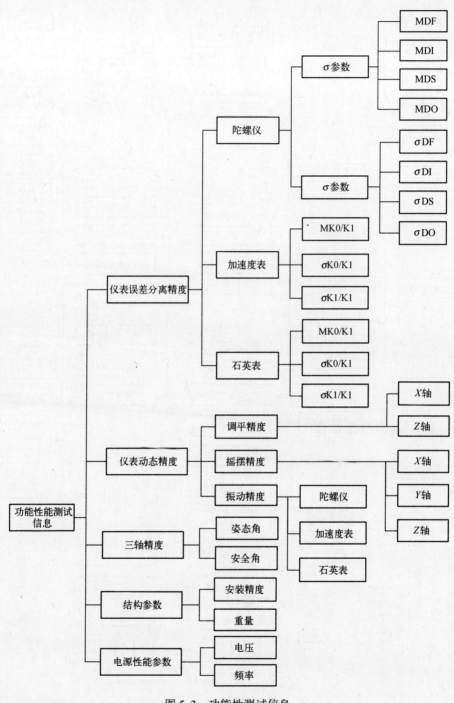

图 5.3　功能性测试信息

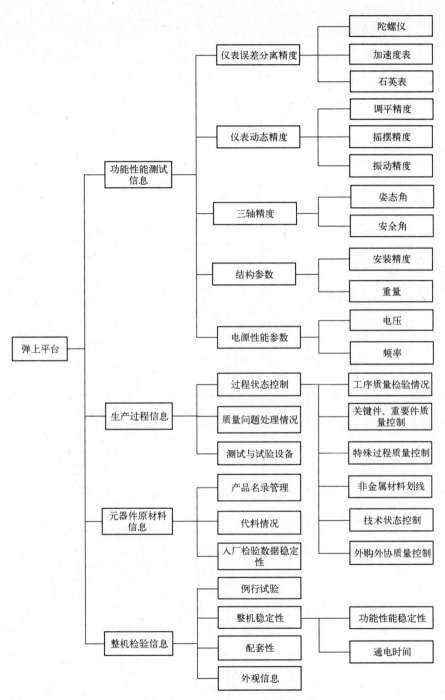

图 5.4　弹上平台系统生产质量评估模型

5.1.4　软件质量评估模型

分析来自负责监管某型导弹弹上飞控软件质量的军事代表室调查意见,表明软件产品质量比较特殊,其质量主要是在其开发研制阶段形成,生产、使用阶段对其影响很小,考虑其质量评估应把所有信息综合在一起考虑。其质量体现在功能实现情况、可靠运行情况、软件易维护程度。

(1)功能性信息包括功能实现的准确性、适合性以及与地面装备、其他装备软件交换数据的情况。

(2)可靠性信息包括软件有关故障、失效量度的成熟性,抵御人为及其他装备错误输入的能力,易恢复性等。

(3)维护性信息包括软件一旦更改、重新测试的难易程度。

根据上述分析,建立的弹上软件质量评估模型如图 5.5 所示,其他型号弹上软件可参考构建评估模型。

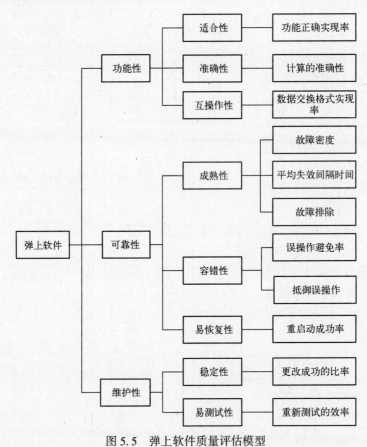

图 5.5　弹上软件质量评估模型

82

5.2 导弹装备现役质量评估模型

导弹装备交付部队服役后,根据单机子系统特点,少数单机装备不检测如安全机构、部分种类火工品,一般单机装备需要定期进行检测以证明其性能质量满足使用要求;多数单机装备检测周期是 X 年,性能参数指标的数量有限,即使服役 10 年单个性能参数指标的测试值也只有少量数据;而少数控制系统关键单机装备如惯组、平台检测周期为 X 月,并且性能参数指标众多,因此测试数据可以用海量形容,因而现役阶段质量评估模型需要针对这三种情况分别构建。

5.2.1 无测试数据单机评估模型

安全机构与火工品是某型导弹装备在日常管理中较为特殊的子系统。安全机构仅在部队接收装备时检查测试一次,或不测试,平时基本不测试;火工品分为弹上火工品和随机配套火工品,在部队接收装备时测试一次,而后战备值班弹每年单元测试时检查 X 次,非值班弹则不测试,并且随机配套火工品测试 X 次后即报废。总之,二者整体上表现为数据很少,甚至没有。

对其性能质量的影响主要是服役过程中环境应力类因素,如储存温湿度、运输与装卸时的振动与冲击、高海拔地区的储存与运输,其实质主要是装备老化问题,同时对其质量性能状态评估时还应考虑其外观与故障缺陷信息。

有鉴于此,参考英美常用的电力设备健康状况老化模型对其质量状态进行评估,其基本思想是综合装备的各类信息(基础信息、运行(储存)信息、测试信息、故障缺陷信息),首先根据其服役年限、设计寿命、运行环境、运行负荷等情况计算出其健康状态指数;其次如有相关测试数据则把数据与标准设计值、前期数据值相比较反映当前装备健康变化情况;最后对上述得到的健康状态指数用外观状况系数、故障及维修系数、重要附件系数进行修正得到最终健康状态指数,并换算为性能质量状态指数。

1. 健康状态老化模型

英国 EA 公司的健康指数计算公式,是基于设备老化原理、体现设备健康水平指数随时间变化过程的一个经验公式,目前广泛应用于英国和北美电力设备的健康状态评估。健康水平指数计算公式为

$$HI = HI_0 \times e^{B \times (T_2 - T_1)} \tag{5.1}$$

式中:HI_0 为设备的初始健康水平指数;HI 为设备最终的健康水平指数;B 为老化系数;T_1 为与全新设备 HI_0 对应的年份,一般为设备投入运营年份;T_2 为与所要计算的对应的年份,可为当前年份,也可为未来年份。

健康水平指数的取值范围为0~10,其值越低表示的设备状态越好。通常,健康水平指数处于0~3.0表明设备状态良好;健康水平指数处在3.0~6.5表明设备已经出现比较明显的老化现象,且老化过程开始明显上升;健康水平指数大于6.5时,表明设备已经出现严重的老化现象,在此状态下,故障发生概率明显上升。

由无测试数据的导弹装备单机子系统的设计寿命、服役年限、使用环境方面的指标和式(5.1),首先求得单机在理想使用环境下老化系数:

$$B = \frac{\ln HI / \ln HI_0}{T_2 - T_1} = \frac{\ln HI / \ln HI_0}{T} \tag{5.2}$$

式中:$HI = 6.5$;$HI_0 = 0.1$;T_1、T_2为对应于HI_0、HI的时间节点;T为设计寿命,即该设备在理想服役环境下的设计寿命期内的老化系数。

事实上,导弹单机装备随弹在储存、使用、运输的环境远比规定的环境恶劣,对其健康指数和质量状态不可避免地有所影响,因此必须根据单机经历的实际环境进行修正,方可较准确地得到其老化系数以至其质量状态。环境修正系数包括储存地域环境、运输距离(包括地域环境影响)两个方面。

(1)储存环境系数f_C:根据单机装备实际经历,储存环境分为室内、室外两类,其环境修正系数取值如3.3.3节中的表3.9、表3.10所列。

(2)运输距离系数f_L:装备公路、铁路运输、装卸时的振动、冲击是影响性能质量的主要因素,将公路运输距离折算为铁路运输距离后,运输距离影响系数规定如表5.1所列。

表5.1　运输距离影响系数

运输装卸等级(折算后的里程)	运输装卸系数
0:0~2000	1.00
1:2000~5000	0.99
2:5000~8000	0.98
3:>8000	0.97

(3)运输环境修正f_{LC}:在不同地域环境运输同样对装备性能质量的影响是不一样的,运输环境影响系数取值如3.3.2节中表3.8。

若装备在评估时间点的实际储存时间为T_3、运输时间为T_4,则将其分别修正到理想环境后,装备经历的理想环境时间为

$$T_{exp} = T_3 / f_C + T_4 / (f_L \times f_{LC}) \tag{5.3}$$

则装备在此评估时间点的老化健康指数为

$$HI_1 = HI_0 \times e^{B \times (T_{exp})} \tag{5.4}$$

2. 健康指数修正

单机装备在评估时间点的健康指数不仅受所经历环境影响进行修改,还受其外观、故障维修和测试次数等因素的影响,也需要进行修正。

(1) 外观修正 f_W:外观状况影响修正系数取值如 3.2 节中表 3.4。

(2) 故障缺陷修正 f_F:装备使用过程中不可避免发生故障,根据故障情况进行大修、中修、小修,故障严重程度实际上对装备性能质量状态有所影响,因此首先将不同故障情况折算为大修次数,再根据故障缺陷的当量大修数确定故障缺陷的修正系数。维修等级折算系数如前述 3.3.1 节中的表 3.7 所列,故障缺陷修正系数如表 5.2 所列。

表 5.2 故障缺陷修正系数

缺陷等级	缺陷系数
0	1.0
1、2	1.1
3~6	1.2
7~11	1.3
12~22	1.4

(3) 测试次数修正 f_M:针对导弹装备部分随机配套火工品而言,因其使用期内有测试次数的限制,影响其性能质量状态。因此根据其实际测试次数,对其修正系数规定如表 5.3 所列。

表 5.3 测试次数修正系数

测试次数	修正系数
0	1.00
1	1.10
2	1.25
3	1.60

在考虑装备外观、故障维修和测试次数等因素影响健康指数的情况下,通过对其进行修正,最终健康指数为

$$HI = HI_1 \times f_W \times f_F \times f_M \tag{5.5}$$

对于这类单机子系统,其性能质量状态指数评估值为

$$E = 1 - \frac{HI}{10} \tag{5.6}$$

5.2.2 具有少量测试数据单机评估模型

导弹服役过程中,多数单机子系统测试的性能参数已远少于生产过程,测试数据有限,但仍包含着单机装备重要的质量信息。这种类型单机子系统评估模型构建基本思路是以性能参数测试数据为主,辅以维修、储存、运输等服役过程信息,选用影响单机质量状态的外观状况,综合构建评估模型。根据对某型导弹固体发动机服役过程调研情况,构建的评估模型如图5.6所示。

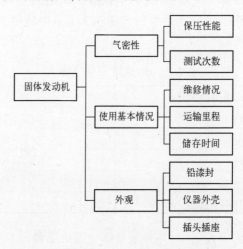

图5.6 某型固体发动机质量状态评估模型

5.2.3 具有海量测试数据单机评估模型

具有海量测试数据单机评估模型最典型的代表就是控制系统关键单机,如惯组、平台,测试参数多、测试次数频繁,积累海量数据。从方便、实用角度出发,根据当前部队实弹发射进行质量评估总结的经验,采用化繁为简的多重指数综合评定模型。

1. 性能质量评估思路

为适应常规导弹旅大规模作战特点及对惯组性能评估的需求,提高惯组评估结果的可信度和评估方法的简便性。在借鉴以往惯组性能评估模型的基础上,充分运用部队历年实弹发射等重大任务实践经验和典型案例,限定测试数据自动判别结果合格的惯组为本系统的评估对象,在确保评估结论相对科学、准确可信的条件下,尽量简化模型算法和部队工作量,采取定量与定性相结合的方法,对影响惯组性能评估的9个系数,先分别定量计算或定性分析给出四级制评估结果;再通过逻辑推理对9个系数评估结果进行综合分析,定性得出惯组性能综合评估结论,供部队参考使用。

2. 评估系数定义及其算法模型

1)惯组出厂通电稳定性的系数 K_1

根据惯组振动试验前后结果对比进行评估。K_1 的取值规则:所有性能参数的变化量均没有超过相应最大允许变化量的 1/10 时,K_1 为优;当所有性能参数中最大一个参数变化量,介于最大允许变化量的 1/10 ~ 1/5 之间时,K_1 为良;当所有性能参数中最大一个参数变化量,介于最大允许变化量的 1/5 和 9/10 时,K_1 为及格;当所有性能参数中最大一个参数变化量,超过最大允许变化量的 9/10 时(接近极限),K_1 为不及格。

如果产品说明书中缺少出厂振动数据,则 K_1 默认为及格。

2)惯组最近一次通电稳定性的系数 K_2

根据惯组最近一次标定数据与上一次数据对比结果进行评估。K_2 的取值规则如 K_1。

对于扣补合格的惯组,其近期稳定性评定结果 K_2 降低一档。评定结果已经是不及格的不再降档。

对于惯组开始加温 30min 之内存在脉冲输出跳变现象的惯组,如果出现 3 次以上脉冲跳变,但跳变幅度没有超过限定值,其近期稳定性评定结果 K_2 降低一档。评定结果已经是不及格的不再降档。

如果脉冲输出跳变幅度超过限定值或惯组开始加温 30min 之后仍存在脉冲输出跳变现象,其近期稳定性评定结果 K_2 为不合格。

3)惯组长期通电稳定性的系数 K_3

根据惯组最近一次标定数据与历次数据的平均值对比结果进行评估。K_3 的取值规则 K_1。

如果历次数据少于 2 次,则 K_3 默认为及格。

4)惯组制导精度的系数 K_4

本模型依据主要影响惯组精度的多个系数的标准差估算惯组落点的偏差,再根据落点偏差值的大小确定 K_4 的具体值。假设 X 表示落点偏差,ΔL 表示纵向偏差,ΔH 表示横向偏差,则 $X = \sqrt{\Delta L^2 + \Delta H^2}$。

根据 $X = \sqrt{\Delta L^2 + \Delta H^2}$,可以计算得出 X,单位是 m。

当 X 小于 Δm 时,K_4 为优。

当 X 大于 Δm,但小于 $\Delta + 50$m 时,K_4 为良。

当 X 大于 $\Delta + 50$m,但小于 $\Delta + 100$m 时,K_4 为及格。

当 X 大于 $\Delta + 100$m 时,K_4 为不及格。

当导弹采用组合导航时,可适当放宽惯组制导精度的条件,判读标准如下:

当 X 小于 Δm 时,K_4 为优。

当 X 大于 Δm,但小于 $\Delta+100$m 时,K_4 为良。

当 X 大于 $\Delta+100$m,但小于 $\Delta+200$m 时,K_4 为及格。

当 X 大于 $\Delta+200$m 时,K_4 为不及格。

每个型号的惯组、平台的落点偏差计算模型各不相同,判断优劣的规则也有不同,需要根据具体情况确定。

5)惯组标定结果连续合格次数的系数 K_5

如果出现因惯组自身原因导致的标定结果不合格,则必须在修复后重新从零计算标定合格次数。如果非惯组自身原因造成某次数据超差,则在忽略该次标定数据的基础上,计算连续标定合格次数。连续 4 次以上标定合格 K_5 为优,3 次 K_5 为良,2 次 K_5 为及格,1 次以下 K_5 为不合格。

6)惯组储存寿命的系数 K_6

对于挠性惯组,第一次出厂交付部队使用最大储存寿命为 XX 年;对于整修后的惯组,从整修完毕交付部队计算为最大储存寿命为 XX 年。对于光纤惯组,第一次出厂交付部队使用最大储存寿命为 XX 年;假设 K_{cc} 代表惯组剩余储存寿命比例,N 表示惯组最大储存年数。则制定 K_{cc} 评定结果规则:当惯组剩余储存寿命大于 $60\%N$ 时 K_6 为优;大于 $40\%N$ 时 K_6 为良;小于 $40\%N$ 且大于一个值班周期(光纤 $X1$ 个月、挠性 $X2$ 个月)K_6 为及格;小于一个值班周期(光纤 $X1$ 个月、挠性 $X2$ 个月)K_6 为不及格。

对于特事记录栏中有储存环境(温度、湿度)累计时间超过 1 个月以上不符合要求的记载时,应将 K_6 评定结果下降一档。评定结果已经是不及格的不再降档。

7)惯组通电寿命的系数 K_7

对于挠性惯组,第一次出厂交付部队使用最大通电时间为 XXh;对于整修后的惯组,从整修完毕交付部队计算为最大通电时间为 XXh。对于光纤惯组,通电时间至少 XXh。

对于挠性未整修惯组,考虑到技术阵地和待机阵地测试时间及发射阵地 XXh 热待机发射需要。剩余通电时间原则上必须大于 XXh。假设 X_{td} 代表惯组已经通电时间,分别规定优、良、及格、不及格的通电时间分布区间,根据 X_{td} 值落入区间的不同赋予 $K7$ 不同的等级。

对于挠性整修惯组,同样原因,剩余通电时间原则上必须大于 XXh。假设 X_{td} 代表惯组已经通电时间,分别规定优、良、及格、不及格的通电时间分布区间,区间范围与未整修装备是不一样的。根据 X_{td} 值落入区间的不同,赋予 $K7$ 不同的等级。

对于返厂修理时更换陀螺仪或加速度计的惯组,由于各单表通电时间不一致,K_7 应根据通电时间最多的单表进行评定。

8）惯组运输里程的系数 K_8

根据惯组的战术技术标准,分别规定公路运输和铁路运输不同里程所对应的优、良、及格、不及格等级标准。根据惯组实际运输里程赋予 K_8 不同的等级。

对于特事记载栏有运输过程中受冲击和振动记录的惯组,K_8 评定结果下降一档。评定结果已经是不及格的不再降档。

9）因故障返厂修理或更换内部加速度计或陀螺仪的系数 K_9

没有相关记录 K_9 为优,有 1 次记录 K_9 为良,2 次或 3 次记录为 K_9 及格,4 次及以上记录 K_9 为不及格。

3. 评估逻辑运算模型

上述 9 个系数求出后,根据部队长期实弹发射实践经验的总结,区分 4 项重要系数和 5 项非重要系数两大类,根据其逻辑组合关系将惯组分为优秀、良好、及格和不及格四级(表 5.4)。

表 5.4　惯组评估逻辑模型

K_1	K_2	K_3	K_4	K_5	K_6	K_7	K_8	K_9	P
出厂稳定性	近期稳定性	长期稳定性	射击精度	连续标定	通电时间	贮存时间	运输里程	返厂维修	综合结果
优	优	优	优	全部良好以上					优
任意 1 项为良好,其他良好以上				任意 1 项为及格,其他及格以上					良
任意 1 项为及格,其他及格以上				任意 1 项不及格,其他及格以上					及格
全部良好以上				任意 2 项不及格,其他及格以上					
达不到及格条件,即前 4 项系数任意 1 项以上不及格;或后 5 项系数任意 3 项以上不及格;或后 5 项系数任意 2 项不及格,且前 4 项系数不是良好以上									不及格

5.3　导弹装备整修质量评估模型

导弹整修延寿是其服役过程中不可避免的一环,整修后的导弹性能质量状态既与整修过程密切相关,又与其整修前状态有关联。因此,对其性能质量状态的评估是以其整修后性能参数检验、测试结果为主,结合整修过程影响性能质量的因素。而后,以整修工作完成后质量状态为起始点,结合回到部队服役后测试、管理、使用等信息数据进行使用过程中的质量评估。

根据到导弹装备整修单位调研情况表明,导弹整修过程较为复杂,主要子系统固体发动机经过全面检测、评估后投入使用,其他子系统情况各有不同,有整机更换的,有个别零部件的更换而整机未更换、投入使用的,有加装新单机子系统的。因此,评估时应区别单机子系统情况对待,而后由低层递推至整弹系统评估。

5.3.1　固体发动机整修后评估模型构建

固体发动机是目前固体导弹整修的重点,整修中不仅更换诸多已老化的非金属零件如密封垫,而且运用多种手段对其关键零部件如药柱、后封头界面、喷管等检测试缺陷位置、大小,这些数据是评估整修后固体发动机的重要信息,同时其使用、管理、整修过程信息在评估状态时,也必须考虑。综合发动机整修过程所获得的与性能质量状态的信息,构建整修后的发动机状态评估指标体系如图 5.7 所示。以此评估值为起点,待导弹返回部队服役后用前述整修前的评估指标体系继续进行评估。

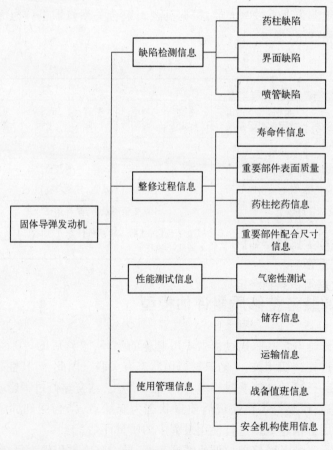

图 5.7　固体发动整修后评估指标体系

90

5.3.2　根据整修情况分析数据信息的使用

1. 整个单机是否更换

如果整个单机更换则以前历史数据全部无效；

如果整个单机整机所有部件未更换，仅做清洁、去污等工作，历史数据继续采用；若部分零部件更换整修，则转入下一步判断。

2. 更换整修对评估指标参数的影响

整修后导弹整体测试参数依然与整修前相同，因此评估模型基本不变，主要考虑整修工作对评估参数的影响情况，根据性能指标的特点决定是否采用整修前数据以及采用的程度：

（1）无影响的，单纯机械部分更换的，一般认为无影响；如果电子设备仅更换个别机械部件如垫圈、坚固件等，而电子元器件、模块未更换，则相关指标参数如电流、电压，继续使用以前测试数据。

（2）有影响的，如压力参数，与所更换的密封部件关联紧密，则着重考虑更换后测试数据，更换前的数据仅参考，占有较少的比重（30%）。电子设备部分元器件、模块进行了更换，则一般需要采用更换后的测试数据，而环境的影响则从整机考虑继续采用所有数据。

5.3.3　整修数据整理与利用

（1）一些设备的寿命数据，据此可以修正其评估模型，分为可测试部件与不可测试部件，但目前缺乏相关资料。

（2）多年积累的单机故障率数据，与测试数据信息融合问题，目前没有统计利用。

（3）性能劣化数据如何融入，应逐年分配到各零部件。

（4）权重影响。

以上数据须积累到一定程度方可利用。

第6章 导弹整弹系统质量状态评估方法

6.1 导弹整弹性能质量评估对象的确立

从不同型号导弹的功能原理、结构关系出发,以该型导弹的各类信息数据为依据,通过查阅资料、征询专家意见、基层部队实际调研、信息汇总分析,对其进行逐级分解,直至具有完整功能性能、整机能够拆卸更换、对应部队(或厂家生产)操作使用专业的单机子系统,最终确立了整弹系统性能质量状态的评估对象体系。

分解、确定整弹系统评估对象体系,主要考虑以下几个方面:

(1)导弹结构与功能,如导弹根据结构特点主要分为弹头和弹体两部分,弹体从结构功能上可以分为控制系统、动力系统、弹体结构三部分,依次从隶属关系上分解为不同层次的评估对象,直至单机。

(2)注重部队装备管理实际、厂家生产特点,如惯性组合、平台系统理论上隶属于控制系统,但因其特别重要、性能参数需要周期性检定,一般是单独储存、管理,评估质量后才与弹体随机结合,类似地其他单机子系统还有干扰装置、突防装置等,此类装备应剥离原系统,单独评估。

(3)同类型单机产品化繁为简,如火工品、伺服机构等,数量较多,功能性能相同,应合理地进行合并。

根据上述原则,某型导弹的干扰装置从结构上划分属于弹头,但是干扰装置根据作战用途共分为五种,而且部队根据作战用途的不同选择应用不同的干扰装置,因此干扰装置属于单独测试、单独储存的子系统;其惯性组合从结构和功能上划分属于控制系统,但是由于其性能参数需要定期进行计量检定,因此在部队的实际应用过程中,也是单独测试、单独储存。

因此,根据部队实际情况,弹头、惯性组合、干扰装置都是与弹体分离并分别储存。在发射和训练前,根据作战需求和装备实际状况,四个分系统临时组合在一起并构成完整的导弹。所以为便于评估结果应用于装备实际管理工作,在评估对象的确定过程中,将弹头、惯性组合、干扰装置、弹体并列作为导弹的同级评估对象,并构建某型导弹的整弹性能质量状态评估对象结构图,如图6.1所示。

同样,根据上述原则,可以构建其他型号导弹评估对象体系。

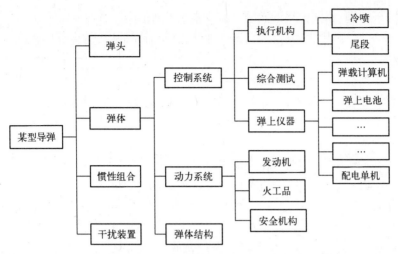

图 6.1　某型导弹的整弹性能质量状态评估对象结构图

6.2　整弹系统质量静态评估方法

　　导弹装备整弹系统评估的实质是在多个单机子系统完成评估后,逐级综合各单机子系统评估情况计算得出系统的评估结果。所谓系统静态评估方法是在不考虑各单机子系统相互影响的基础上,把各单机子系统类似堆积木方式逐级综合评估。原则上,上述单机子系统所采用的加权和、TOPSIS、模糊综合、神经网络等评估方法也是适合整弹系统评估使用的,只是此时把各单机视为评估指标,作为各种评估方法的输入。

　　每种评估方法各有优劣。加权和综合评估结果直观、易理解,但对于评估结果值邻近的导弹装备而言,仅因为些微的差距而将其排列前后、分为不同等级,难以让人信服;因多层级的综合,质量状态较差的参数、单机问题淹没在整弹评估结果中,难以识别。TOPSIS 在相同尺度衡量下能够较好地将评估对象优劣进行排序,但在确定理想解,尤其是负理想解的确定带一定的主观性,影响到评估结果。模糊综合评估方法比较适合多层级综合评估,但在评估结果处理上同样存在隶属度相近、相同时的判断问题。神经网络评估主要是样本问题,对于整弹系统来说:一是样本来源于多方面、多层次专家的共同评审确定,操作实施难度较大;二是样本来源于已发射导弹的射前、射后信息,对于常规导弹发射数量较多,样本易于获得,而对于大型号导弹发射数量较少,样本的数量成为评估方法实施的关键。

　　综合而言,这些静态评估方法所得结果存在的主要问题在于:

　　(1) 不同质量等级交界处的判断问题,即处理好评估结果细微差异装备的合理分级问题;相同性质的问题是排列前后顺序问题,尽管前后顺序有差异,但实际评估分值差别很小,这种情况往往让人质疑评估方法的合理性。

(2) 评估体系中底层单机较差的质量状态淹没在综合评估结果中。两个评估对象在其他单机质量状态基本相同而某一单机有明显差异的情况下,因为是多层级的综合评估计算,二者最后的评估结果相差无几,单从最后结果无法很好体现二者差异。

上述两个问题不仅在导弹系统质量评估中出现,而且在其他复杂系统的各类评估也经常出现,因此必须解决这两方面问题才能使评估结果更为合理,为导弹装备作战运用、精细管理决策提供更好的支撑。

解决的思路是承认现有方法评估结果具有相当程度的合理性,以其为第一判断准则,选取整弹系统3个左右关键单机子系统质量状态作为第二判断准则,选取整弹系统中2个或3个质量状态最差的单机作为第三判断准则,处理质量等级交界处的等级划分、细微差异排序问题。具体方法是:

(1) 选取适用评估对象。以加权和评估法为例,优秀、良好交界值为时90,则评估值在89.5~90.5之间的评估对象均需进一步考查第二、三判断准则情况,排序时评估值差异小于0.05的评估对象均需进一步考查第二、三判断准则情况。

(2) 第二判断准则的评估。以某型导弹为例,选取惯组、弹上计算机、综合测试作为关键单机,适用评估对象的3个单机质量状态好的划分为较高质量等级、排序在前。如仍不能区分,则考查第三判断准则情况。

(3) 第三判断准则的评估。在前两种判断准则无法区分的情况下,评估各整弹系统最差质量状态的2个或3个单机,以及它们对整弹系统的影响。

6.3 基于 Petri 网的整弹系统质量动态评估方法

整弹系统性能质量状态评估的复杂性主要来自系统内各单机子系统之间的相互影响关系,这些影响关系包括同层次之间的同级影响和不同层次之间的上下级影响,可以称为"横向"和"纵向"的关系。Petri 网是对异步、离散、并发事件动态系统建模和性能分析的有力工具,着眼于系统中可能发生的状态变化以及各状态之间的关系,可以很好地仿真系统的运行过程,描述系统的动态变化过程。

6.3.1 传统 Petri 网评估导弹装备质量状态的不足

整弹全系统性能质量状态退化过程的复杂性主要来源于内部众多单机及其特征的多样化、系统的层次性、单机间的交互耦合行为等,全系统性能质量状态必须综合考虑各层次单机子系统、分系统的性能质量状态退化及其之间的相互影响,这些影响包含了"横向""纵向"等形式。因此,全系统性能质量退化过程的评估与分析必然比其他情况复杂。若能根据故障前装备表现出的各种状态信息,分析故障的传播与演化,在装备故障前分析出装备可能发生故障的单机及行为状态,对装备的使用决策及维修保障具有重要意义。

根据复杂导弹武器系统性能质量状态退化特点和基本 Petri 网理论可以看出,在运用 Petri 网进行整弹系统性能质量状态评估时,存在资源竞争和冲突等主要问题。运用基本 Petri 网描述性能质量状态退化模型如图 6.2 所示,其中库所表示系统的单机,托肯表示性能出现退化,变迁表示不同单机间的联系。

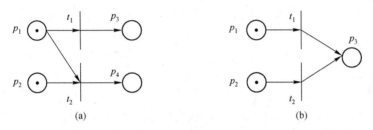

图 6.2　基本 Petri 网描述导弹系统质量状态退化模型

由图 6.2(a)可以看出,在运用基本 Petri 网描述系统的性能质量状态退化过程中,存在着资源竞争的问题,就是说根据基本 Petri 网理论的规定,变迁 t_1 和 t_2 只有一个能够发生,但在实际的性能质量状态退化过程中,低层次单机性能质量状态退化可能会引起多个高层次分系统性能质量状态发生退化,而且低层次单机之间也并不存在相互抑制关系,体现在 Petri 网中就是库所的托肯不会随着变迁的发生而消失;由图 6.2(b)可以看出,在运用基本 Petri 网描述系统的性能质量状态退化过程中,存在着资源冲突的问题,即变迁 t_1 和 t_2 同样只有一个能够发生,但在实际的性能质量状态退化过程中,高层次分系统性能质量状态退化可能由多个低层次单机子系统性能质量状态退化引起的,体现在 Petri 网中就是库所中原有的托肯不会影响其他库所的托肯变迁到该库所。因此,在复杂导弹武器系统性能质量状态评估中存在资源竞争和冲突等问题,而基本 Petri 网在复杂导弹武器系统的性能质量状态评估方面存在明显的不足,为将基本 Petri 网更好地运用于复杂导弹武器系统性能质量状态评估,必须对基本 Petri 网改进优化。

运用 Petri 网模型来描述复杂导弹武器系统性能质量状态退化,要考虑模型中变迁是可以重复的,托肯是可以覆盖的,资源不会随着变迁的发生而消失。因此根据复杂导弹武器系统性能质量状态退化特点,对基本 Petri 网进行改进,定义了基于 Petri 网的复杂导弹武器系统性能质量状态评估模型。

6.3.2 基于 Petri 网的整弹系统性能质量评估模型

利用 Petri 网的正向推理性质,在分析复杂导弹武器系统性能质量状态退化特点的基础上,将基本 Petri 网改进优化,建立基于 Petri 网的复杂导弹武器系统性能评估模型,(Performance Quality Evaluation Petri Nets,PQEPN)。

1. PQEPN 模型构建

根据基本 Petri 网理论和复杂导弹武器系统性能质量状态退化特点,可以定义 PQEPN 如下:

定义:PQEPN 定义为一个八元组:PQEPN=(P,T,F,S,Q,W,I,O)。

其中:

$P = P_b \cup P_m \cup P_e = \{p_1, p_2, \cdots, p_m\}$,为有限库所集,且为非空集合,用来表示复杂导弹武器系统各单机子系统、各分系统和系统整体。在 PQEPN 模型中,库所可以分为三种,即输入库所、过渡库所和终止库所,分别用 P_b、P_m、P_e 表示。输入库所表示单机子系统性能质量状态,用性能质量状态等级 $C = \{$优秀(c_1)良好(c_2),一般(c_3),不合格$(c_4)\}$ 的形式表示;终止库所表示整弹系统的性能质量状态,一般终止库所有且只有一个;过渡库所用来表示分系统的性能质量状态。通过三个级别的库所状态就可以很好地表示复杂导弹武器系统各层次的性能质量状态。

$T = \{t_1, t_2, \cdots, t_n\}$ 为 PQEPN 的非空有限变迁集,变迁的激发条件主要根据当前时刻库所的性能质量状态是否劣于上一时刻库所的性能质量状态而决定。

$F \subseteq (P \times T) \cup (T \times P)$,$F$ 为库所和变迁之间的有向弧,用来表示各单机子系统、分系统性能质量状态退化走向。

S:表示库所状态,为方便系统评估,可以用性能质量状态等级信度表示,符合评估的实际情况。

$Q: P \rightarrow [0,1]$,为库所性能质量状态指数,用来定量明确复杂导弹武器系统中各单机子系统、分系统和整弹系统的性能质量状态,是库所状态到真值$[0,1]$的一一映射。$q_{\tau,m}$ 表示 τ 时刻库所 p_m 的性能质量状态指数,$q_{\tau,m}$ 越大表示性能质量状态越好,但一般来讲 $q_{\tau,m}$ 随时间推移逐渐减小。

$W: T \rightarrow [0,1]$,为置信度集,它与每个变迁一一映射,在变迁激发时,w_{ij} 来用来代表示库所 P_i 性能质量状态表示库所 P_j 性能质量状态的可信度。

I:表示输入库所和变迁之间的关系。如果 $I(p,t) = 1$,表示该库所 p 是 t 的输入;如果为 0,则两者没关系。

O:表示变迁和输出库所之间的关系。如果 $O(t,p) = 1$,表示该库所 p 为 t 的输出;如果为 0,则两者没关系。

POEPN 主要根据输入单元的性能质量状态,评估输出单元的性能质量状态。

根据 Petri 网层次性的特点,利用 PQEPN 建模,可以将复杂导弹武器系统性能质量状态评估过程中的层次化的实际情况较好地描述出来。在对复杂导弹武器系统进行性能质量状态评估时,可以按照"总—分—总"的概念把整弹系统分解为各单机子系统,运用 PQEPN 模型,先评估单机子系统性能质量状态,再由单机子系统评估分系统、整弹系统性能质量状态,从而实现整弹系统性能质量状态的有效评估。

2. 某型号导弹性能质量状态 PQEPN 评估模型

根据 PQEPN 模型,结合某型号导弹各子系统、分系统之间动态工作时相互影响关系,建立基于 PQEPN 的某型号导弹性能质量状态评估模型,如图 6.3 所

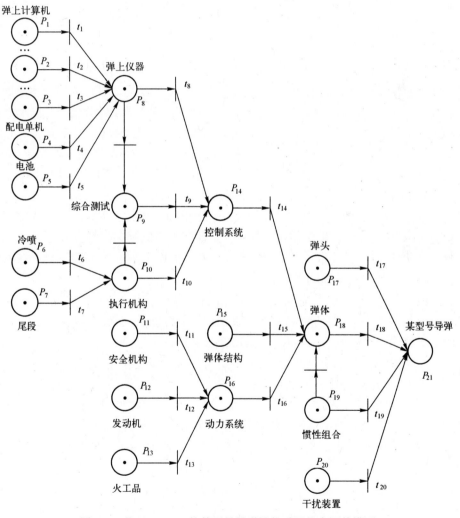

图 6.3 基于 PQEPN 的某型号导弹性能质量状态评估模型

97

示。从图中可以看到,大部分低层次单机子系统都是直接影响高层次分系统,但是在同层次的弹上仪器、执行机构与综合测试之间,惯性组合与弹体之间,弹上仪器、执行机构性能质量状态的退化将影响综合测试性能质量状态的退化,惯组性能质量状态的退化将影响弹体性能质量状态的退化。

6.3.3　PQEPN 模型的推理及具体算法

1. PQEPN 推理过程

PQEPN 模型主要利用的是 Petri 网的正向推理性质,根据系统的层次性将其分解为不同层级,分析各层级单机子系统性能质量状态退化程度对其同层次单机子系统或高层分系统的影响,最终综合得到整弹系统的性能质量状态,达到对整弹系统性能质量状态评估的目的。

在 PQEPN 模型中一旦变迁被激发,则表示与该变迁有关的某个单机子系统性能质量状态发生退化,而在退化过程中性能质量状态是可以共用和重叠的,表现为单机子系统间的共发、相互作用以及性能质量状态退化程度的加剧。也就是说,根据评估频率,在某次评估时,未被激发的变迁 t_i 满足激发条件时,变迁 t_i 就可以被激发,即判断变迁 t_i 是否激发主要看前置库所在相邻两次评估时是否存在状态退化和变迁的实时状态,并不用考虑其他变迁所处的状态。

PQEPN 推理规则如下:

使能条件。通常来讲,只要 PQEPN 中终止库所未达到"不合格"性能质量状态,任何变迁 $t_i \in T$ 都有可能被激发。而且对于不同复杂导弹武器系统来说,PQEPN 的使能条件并不一样,其使能条件可以根据复杂导弹武器系统要求的作战效能的高低而有不同的规定。

激发条件。若 P_m 为前置库所,P_n 为后置库所,t_i 为变迁。首先变迁 t_i 必须满足使能条件,根据评估频率,当后一时刻 P_m 的性能质量状态差于前一时刻 P_m 性能质量状态时,则变迁 t_i 可以被激发。以下是具体过程:

库所 P_m 和 P_n 状态发生变化,其中 $s_{\tau-1,m}$ 变更为 $s_{\tau,m}$,$s_{\tau-1,n}$ 变更为 $s_{\tau,n}$。

PQEPN 流程如图 6.4 所示。

2. PQEPN 具体算法

复杂导弹武器系统性能质量状态退化具有层次性、相关性、多发性等特点,这也是复杂导弹武器系统性能质量状态评估的难点。在 PQEPN 推理过程中,有 3 种基本的库所变迁模型分别对应了 3 种性能质量状态退化过程,而这 3 种模型就很好地描述了复杂导弹武器系统性能质量状态退化特点。以下是这 3 种模型的具体算法。

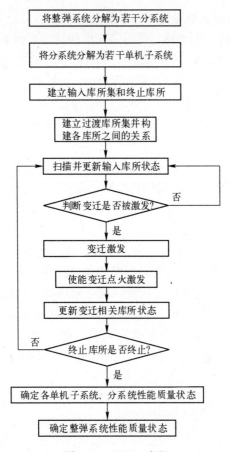

图 6.4　PQEPN 流程

（1）"共发"模型。在复杂导弹武器系统中,该模型代表的是分系统由多个单机子系统组成,而多个分系统又组成整弹系统,这个模型也是复杂导弹武器系统中大多数结构关系。如图 6.5 所示,根据"共发"模型,在 τ 时刻,当变迁发生后,库所 P_k 有以下两种状态：

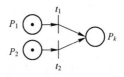

图 6.5　"共发"模型

① 根据该模型,当复杂导弹武器系统不处于任何特定任务状态下时,一般来讲,低层次中最差的状态用来表示高层次的性能质量状态,这里仅仅考虑的是系统的基本结构。该模型通常用来描述过渡库所的性能质量状态。此状态下,在 τ 时刻,当变迁发生后,相关库所的性能质量状态变更为

$$s_{\tau,k} = \text{worst}(w_{1k} \times s_{\tau,1}, w_{2k} \times s_{\tau,2}, \cdots, w_{mk} \times s_{\tau,m}), w_{ik} \leq 1 \tag{6.1}$$

② 根据该模型,当复杂导弹武器系统处于某一特定任务状态下时,评估时必须针对面向任务的特性而分析,此时高层次的性能质量状态必须通过低层次的性能质量状态综合得到。该模型通常用来描述整弹系统的性能质量状态。此状态下,在 τ 时刻,当变迁发生后,相关库所的性能质量状态变更为

$$s_{\tau,k} = w_{1k} \times s_{\tau,1} * w_{2k} \times s_{\tau,2} * \cdots * w_{mk} \times s_{\tau,m}, w_{ik} \leqslant 1 \qquad (6.2)$$

式中:"$*$"代表的是该过程是运用的 DS 证据理论评估方法,其结果同样以信度表示。

(2)"共生"模型。在复杂导弹武器系统中,该模型通常代表的是某个单机子系统性能质量状态的退化引起与它相关联的多个分系统均发生性能质量状态退化。如图 6.6 所示,根据该模型,在 τ 时刻,当变迁发生后,相关库所的性能质量状态变更为

$$s_{\tau,1} = w_{k1} \times s_{\tau,k}, \cdots, s_{\tau,m} = w_{km} \times s_{\tau,k}, w_{ki} \leqslant 1 \qquad (6.3)$$

(3)"相互影响"模型。在复杂导弹武器系统中,"相互影响"模型主要反映的是同层次单机子系统或同层次分系统之间的相互作用关系对整弹系统的性能质量状态退化带来的影响,该模型很好地解决了复杂导弹武器系统中各单机子系统、各分系统之间的相互作用关系对整弹系统评估的影响。模型如图 6.7 所示,根据该模型,在 τ 时刻,当变迁发生后,相关库所的性能质量状态变更为

$$s_{\tau,m} = w_{1m} \times s_{\tau,1}, \cdots, s_{\tau,n} = w_{kn} \times s_{\tau,1}, w_{1i} \leqslant 1 \qquad (6.4)$$

$$s_{\tau,k} = w_{mk} \times s_{\tau,m} * w_{1k} \times s_{\tau,1} * \cdots * w_{nk} \times s_{\tau,n}, w_{ik} \leqslant 1 \qquad (6.5)$$

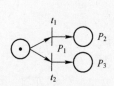

图 6.6 "共生"模型

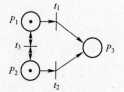

图 6.7 "相互影响"模型

6.3.4 基于 PQEPN 的某型号导弹系统质量状态评估分析

根据 PQEPN 具体算法可以看到,在基于 PQEPN 的某型号导弹性能质量状态评估模型中,大部分低层次子系统与高层次分系统之间都可以用"共发"模型来描述,只有同层次的弹上仪器、执行机构与综合测试之间,惯性组合与弹体之间,因弹上仪器、执行机构状态退化影响综合测试状态,惯组状态退化影响弹体状态,可用"相互影响"模型描述。

100

1. 纵向分析

以某旅编号××××001导弹为例,根据图6.3的评估模型,运用各单机子系统的评估结果评估整弹系统的性能质量状态,评估时考虑该枚导弹担负作战任务,任务是有效摧毁敌方指挥所。

从图6.3中可以看到,大部分低层次单机子系统都是直接影响高层次分系统,属于"共发"模型,而同层次的弹上仪器、执行机构与综合测试之间,惯性组合与弹体之间,属于"相互影响模型"。

假设 τ 时刻各单机子系统的性能质量状态劣于 $\tau-1$ 时刻的性能质量状态,也就是说所有变迁均满足激发条件并激发。其中,τ 时刻各输入库所的性能质量状态如表6.1所列,其状态一般运用数据评估、专家经验或者DS证据理论等方法评估得到,用 $C=\{$优秀(c_1)良好(c_2)一般(c_3)不合格$(c_4)\}$ 的可信度表示,各库所之间的置信度如表6.2所列。

表6.1　τ 时刻各输入库所的性能质量状态评估结果

输入库所	名　称	τ 时刻性能质量状态
P_1	弹上计算机	$\{0.65,0.30,0.05,0\}$
P_2	导航设备1	$\{0.64,0.36,0,0\}$
P_3	导航设备2	$\{0.65,0.33,0.02,0\}$
P_4	配电单机	$\{0.69,0.24,0.07,0\}$
P_5	电池	$\{0.70,0.13,0,17\}$
P_6	冷喷	$\{0.65,0.35,0,0\}$
P_7	尾段	$\{0.67,0.30,0.03,0\}$
P_{11}	安全机构	$\{0.63,0.32,0.05,0\}$
P_{12}	发动机	$\{0.62,0.28,0.10,0\}$
P_{13}	火工品	$\{0.63,0.14,0.23,0\}$
P_{15}	弹体结构	$\{0.64,0.34,0.02,0\}$
P_{17}	弹头	$\{0.40,0.55,0.05,0\}$
P_{19}	惯组	$\{0.64,0.05,0.01,0\}$
P_{20}	干扰装置	$\{0.66,0.03,0.31,0\}$

表6.2　各库所之间的置信度

W	置信度	W	置信度	W	置信度	W	置信度
$w_{1,8}$	0.95	$w_{7,10}$	0.94	$w_{11,16}$	0.97	$w_{17,21}$	0.90
$w_{2,8}$	0.96	$w_{8,14}$	0.95	$w_{12,16}$	0.94	$w_{18,21}$	0.91

W	置信度	W	置信度	W	置信度	W	置信度
$w_{3,8}$	0.96	$w_{9,14}$	0.96	$w_{13,16}$	0.95	$w_{19,21}$	0.96
$w_{4,8}$	0.94	$w_{10,14}$	0.95	$w_{14,18}$	0.95	$w_{20,21}$	0.90
$w_{5,8}$	0.93	$w_{8,9}$	0.96	$w_{15,18}$	0.94	$w_{19,18}$	0.95
$w_{6,10}$	0.96	$w_{10,9}$	0.94	$w_{16,18}$	0.96		

根据 τ 时刻各输入库所的性能质量状态和库所之间的置信度,可以评估其他分系统性能质量状态以及整弹系统的性能质量状态,评估结果如表 6.3 所列。由于该枚导弹是面向特定任务的,因此在评估整弹系统性能质量状态时运用 DS 证据理论合成得到。

表 6.3　τ 时刻分系统及整弹系统性能质量状态评估结果

库　　所	名　　称	τ 时刻性能质量状态
P_8	弹上仪器	$\{0.6144, 0.3456, 0, 0, 0.0400\}$
P_{10}	执行机构	$\{0.6240, 0.336, 0, 0, 0.0400\}$
P_9	综合测试	$\{0.5866, 0.3158, 0, 0, 0.0976\}$
P_{14}	控制系统	$\{0.5631, 0.3032, 0, 0, 0.1337\}$
P_{16}	动力系统	$\{0.5828, 0.2632, 0.094, 0, 0.0600\}$
P_{18}	弹体	$\{0.5349, 0.2881, 0, 0, 0.1770\}$
P_{21}	整弹系统	$\{0.5422, 0.2904, 0, 0, 0.1674\}$

根据评估结果,编号××××001 导弹属于优秀级别,可以较好完成任务。分析表 6.1 和表 6.3 可以发现,通过 PQEPN 模型既评估得到了整弹系统的性能质量状态,也得到了各分系统的性能质量状态。在对整弹系统进行性能质量状态评估时,由于该枚导弹是面向特定任务的,因此其性能质量状态是运用 DS 证据理论合成得到的,可以看到:虽然弹头性能质量状态的评估结果属于良好级别,但由于对整弹系统影响最大的是惯性组合,因此其整弹系统性能质量状态的评估结果还是优秀级别的,这与复杂导弹武器系统的实际情况相符。

2. 横向分析

现以某单位 10 枚导弹为评估对象,分别运用加权和、模糊综合评判、PQEPN 模型的方法对其评估成绩、模糊分级隶属度、分级置信度进行计算,结果如表 6.4~表 6.6 所列。

通过比较可以得出:

表6.4 某单位10枚导弹及其一级指标加权和评估质量指数

导弹编号	整弹	弹头	弹体	惯组	干扰装置
××××002	0.8859	0.9062	0.8783	0.9007	0.7730
××××004	0.8872	0.9245	0.8666	0.9305	0.6275
××××005	0.8713	0.9152	0.8898	0.8348	0.7738
××××008	0.8785	0.8816	0.8738	0.8921	0.8121
××××009	0.8799	0.9103	0.8812	0.8709	0.8128
××××011	0.8817	0.9106	0.8761	0.9050	0.6450
××××015	0.8999	0.9321	0.8955	0.9050	0.7786
××××016	0.8905	0.9258	0.8762	0.9050	0.7924
××××017	0.8924	0.9251	0.8836	0.9050	0.7587
××××018	0.8894	0.9303	0.8805	0.9050	0.7014

表6.5 某单位10枚导弹模糊综合评判分级隶属度评估

导弹编号	优秀	良好	一般	不合格
××××002	0.3861	0.3612	0.2515	0.0013
××××004	0.3920	0.3251	0.2771	0.0058
××××005	0.3012	0.3849	0.3138	0.0000
××××008	0.3402	0.3681	0.2916	0.0001
××××009	0.3465	0.3703	0.2826	0.0007
××××011	0.3746	0.3447	0.2758	0.0050
××××015	0.4545	0.3406	0.2048	0.0001
××××016	0.4024	0.3609	0.2366	0.0001
××××017	0.4197	0.3560	0.2242	0.0001
××××018	0.4010	0.3438	0.2527	0.0025

表6.6 某单位10枚导弹PQEPN模型综合分级置信度评估

导弹编号	优秀	良好	一般	不合格	不确定度
××××002	0.3766	0.2827	0.0956	0.0000	0.2452
××××004	0.5164	0.2258	0.0178	0.0012	0.2388
××××005	0.1399	0.3243	0.2700	0.0000	0.2658
××××008	0.3172	0.2979	0.1324	0.0000	0.2525
××××009	0.2454	0.3090	0.1878	0.0000	0.2578

导弹编号	优秀	良好	一般	不合格	不确定度
××××011	0.3930	0.2751	0.0855	0.0011	0.2454
××××015	0.4505	0.2455	0.0704	0.0000	0.2336
××××016	0.3989	0.2799	0.0774	0.0000	0.2438
××××017	0.4179	0.2672	0.0758	0.0000	0.2391
××××018	0.4108	0.2656	0.0808	0.0006	0.2422

（1）由表6.4可知，由加权和所得到的导弹整体评估分值相互之间差别不明显，若以某一分值作为划分优秀、良好、一般的分界，首先是难以确定分界点，其次是以较小的分值差别而把两枚导弹划分为两种类别，难以让人信服。表6.5中以模糊综合评判方法对导弹进行了性能质量状态分级，根据隶属度值判别状态属性，可以看到把导弹分为优秀、良好两个级别，避免了分值差异微小带来的矛盾。仔细研究，可以发现这种分级与加权评估分值相关性比较强，分数低的一般划为了良好级，同时还存在着当不同级别隶属度值接近时难以区分的问题，虽然在此10枚导弹性能质量状态评估中这一问题并不突出，在其他分系统、整弹系统评估中还是普遍存在的。运用Petri网与DS证据理论相结合评估10枚导弹性能质量状态结果如表6.6所列，结果与模糊评判结果相比，除××××008号导弹外基本相同，但不同级别的置信度值已有了较大差别，反映了Petri网与DS证据理论评估信息指向更明确。

（2）研究××××008号导弹4个分系统评估值可以发现，弹头、弹体与干扰装置差异不大，甚至干扰装置还较好一些，但其惯组性能较好，而部队在对导弹性能质量状态评价中更为重视惯组性能，将其评为优秀级别，不仅符合部队评价导弹性能质量状态的习惯，也反映了惯组性能质量状态对导弹性能质量动态状态的影响。

（3）同时，××××005号导弹虽然属于良好级别，但其一般级别的置信度值也较高，其影响同样可以追溯到惯组的影响。该弹惯组是10枚弹中最低的，该惯组一般级别的置信度值也是最高的。同时，这种影响了也可以由该弹评估结果的不确定度反映出来，其不确定度是较高的。

由此可以看出，基于Petri网的复杂导弹武器系统性能质量状态评估方法具有实际应用价值，其结果能够更准确地反映复杂导弹武器系统性能质量状态。

第7章　导弹装备质量状态预测技术

导弹装备服役后其质量状态必然呈现下降趋势,装备机关五年计划规划、五年计划中期调整、年度计划的制订需要掌握未来1~3年导弹装备质量状态变化趋势,以利于装备建设规划与运用决策。针对这一需求,结合导弹"长期储存,定期测试,一次使用"和测试数据信息"总体数据量大、单个参数有限"的特点,需要实现适应有限测试数据信息的导弹装备年度性能质量状态灰色预测方法。

在未来大规模作战需要使用大批量导弹时,极有可能出现在导弹未经测试就需要发射的紧急情况。为满足这一需求,综合导弹装备已经历的使用、管理、储存、运输等相关信息,充分利用平时导弹实弹发射前测试信息与发射后飞行、打击效果信息,从而预测战时导弹紧急发射前整弹性能质量状态,为导弹装备作战规划与运用决策提供支持。

导弹装备性能质量状态预测有两条路径:一种途径是从最底层的性能历史测试数据出发,预测性能参数的变化值,再综合未来1~3年可能需要经历使用、管理、储存、运输等信息,从而预测单机质量状态变化,再逐步综合至整弹系统,这一过程较为复杂,但结果相对较为准确,获得各类预测信息较多,从参数、单机至整弹、批量导弹各层次预测信息均有;另一种途径直接由单机性能质量状态历年评估结果出发,预测其性能质量状态变化,再逐步综合至整弹系统,这一过程相对简单、结果较为粗糙,没有性能参数的预测信息。

7.1　预测方法选择

对几种常用的定量预测方法的特点进行分析,如表7.1所列。

表 7.1　常用预测方法优缺点

预 测 方 法	优点和不足
回归分析	需较多的历史数据,强调数据之间的关联影响,需预先知道相应的函数关系,忽略了一些不确定因素影响,对于复杂设备的预测精度不高
时间序列分析	方法简单,应用的有效信息比较少
混沌预测	不能作长期预测,但需要有足够好的模型和对初始条件的精确观察,它的确定性使之在预测能力消失前才可以进行短期预测

预 测 方 法	优点和不足
模糊预测	存在隶属度函数的确定,以及样本集数据与证据之间关系的组合等问题
支持向量机	适应于对小样本统计估计和预测学习
神经网络	能模拟多变量而不需要对输入变量做复杂的相关假设,具有容错能力强、预测速度快、可实现多步预测的优点,但需要大量的样本
贝叶斯预测	能够充分利用各种定量或定性的历史数据,把经验和数据结合起来,但所需的先验分布很难给出,只能凭丰富的主观经验
灰色预测	对于小子样,少数量样本,单步预测效果较好,但对于大子样及多步预测效果欠佳

在役导弹的测试数据和评估分值都是在时间维上的积累,虽然个别单机子系统数据庞大,但相当一部分单机测试数据量少,甚至个别单机无测试数据,是典型的时间序列,因此选用灰色预测和时间序列预测进行比较分析。

7.1.1　灰色预测

灰色预测就是通过原始数据的处理和灰色模型的建立,掌握系统规律,对系统的未来状态作出科学的定量预测。灰色预测具有建模所需样本少、计算简单、短期预测精度高等优点。灰色模型简称 GM(Grey Model)模型,是以灰色模块为基础,以微分拟合法为基础而建成的模型。其中,GM(1,1)模型通过对原始序列进行累加生成操作后建立一阶线性微分方程模型,然后利用累减生成操作还原为原始序列的预测值。GM(1,1)模型的预测步骤如下。

步骤 1:假设 $\boldsymbol{X}^{(0)}$ 为非负原始数据序列 $\boldsymbol{X}^{(0)} = \{x^{(0)}(1), x^{(0)}(2), \cdots, x^{(0)}(n)\}$,其中 $x^{(0)}(i)$ 对应于时刻 i 的系统输出。

步骤 2:对 $\boldsymbol{X}^{(0)}$ 作一次灰色累加生成操作得到一个新的生成数据序列 $X^{(1)}$,$\boldsymbol{X}^{(1)} = (x^{(1)}(1), x^{(1)}(2), \cdots, x^{(1)}(n))$ 由下式求出

$$x^{(1)}(k) = \sum_{i=1}^{k} x^{(0)}(i), k \in (1, 2, \cdots, n) \tag{7.1}$$

步骤 3:由新数据序列 $\boldsymbol{X}^{(1)}$ 建立灰色模型 GM(1,1),对应的白化微分方程为

$$\frac{\mathrm{d}x^{(1)}(t)}{\mathrm{d}t} + ax^{(1)}(t) = b \tag{7.2}$$

灰色微分方程为

$$x^{(0)}(k) + az^{(1)}(k) = b \tag{7.3}$$

式中:a 为发展系数;b 为灰作用量;$z^{(1)}(k)$ 为 $x^{(1)}(k)$ 在 $[k-1, k]$ 上的背景值,即

$$z^{(1)}(k) = \frac{1}{2}(x^{(1)}(k-1) + x^{(1)}(k)) \tag{7.4}$$

步骤 4: 运用最小二乘法估计参数 a 和 b, 参数 $\hat{\alpha} = (\hat{a}, \hat{b})^T$ 最小二乘参数估计为

$$\hat{\alpha} = (\hat{a}, \hat{b})^T = (\boldsymbol{B}^T \boldsymbol{B})^{-1} \boldsymbol{B}^T \boldsymbol{Y} \tag{7.5}$$

其中

$$\boldsymbol{B} = \begin{bmatrix} -z^{(1)}(2) & 1 \\ -z^{(1)}(3) & 1 \\ & \vdots \\ -z^{(1)}(n) & 1 \end{bmatrix}, \boldsymbol{Y} = \begin{bmatrix} x^{(0)}(2) \\ x^{(0)}(3) \\ \\ x^{(0)}(n) \end{bmatrix}$$

步骤 5: 白化方程微分的时间响应函数为

$$\hat{x}^{(1)}(t) = \left[x^{(1)}(1) - \frac{b}{a} \right] e^{-a(t-1)} + \frac{b}{a} \tag{7.6}$$

离散化为时间响应序列为

$$\hat{x}^{(1)}(k) = \left[x^{(1)}(1) - \frac{b}{a} \right] e^{-a(k-1)} + \frac{b}{a}, k \in (1, 2, \cdots, n) \tag{7.7}$$

步骤 6: 通过式 $x^{(0)}(k) = x^{(1)}(k) - x^{(0)}(k-1)$, $2 \leq k \leq n$ 对得到的建模预测序列 $\hat{X}^{(1)}$ 进行一次累减还原得到原始数据的拟合值 $\hat{X}^{(0)}$, $\hat{X}^{(0)} = \{ \hat{x}^{(0)}(1), \hat{x}^{(0)}(2), \cdots, \hat{x}^{(0)}(n) \}$, 式中

$$\hat{x}^{(0)}(k) = (1 - e^a) \left[x^{(0)}(1) - \frac{b}{a} \right] e^{-ak} \tag{7.8}$$

式中: $\hat{x}^{(0)}(1) = x^{(0)}(1)$。

7.1.2 时间序列预测

时间序列是指按照一定的时间间隔和事件发生的先后顺序排列在一起的数据构成的序列。时间序列预测基本思想是根据相邻数据的依赖性, 建立合理的数学模型来拟合时间序列, 利用数学模型找出数据的内在统计特性和变化规律, 进一步达到预测目的。

时间序列的预测模型很多, 其中 ARMA 模型可以实现对随机序列规律性的描述, 能够更本质地认识时间序列的结构和特征, 达到最小方差意义下的预测, 因此选用 ARMA 模型作为时间序列的预测模型, ARMA 有三种基本形式:

(1) 自回归模型 ARMA(p): 如果时间序列 y_t 满足 $y_t = \varphi_1 y_{t-1} + \cdots + \varphi_p y_{t-p} + \varepsilon_t$, 其中 ε_t 是独立同分布的随机变量序列, 且满足: $E(\varepsilon_t) = 0$, $\mathrm{Var}(\varepsilon_t) = \sigma_\varepsilon^2 > 0$, 则称时间序列为 y_t 服从 p 阶的自回归模型。或者记为 $\varphi(\boldsymbol{B})_{y_t} = \varepsilon_t$。自回归模型的平稳条件: 滞后算子多项式 $\phi(\boldsymbol{B}) = 1 - \varphi_1(\boldsymbol{B}) + \cdots + \varphi_p \boldsymbol{B}_p$ 的根均在单位圆外。

（2）移动平均模型 ARMA(q）：如果时间序列 y_t 满足 $y_t = \varepsilon_t - \theta_1 \varepsilon_{t-1} - \cdots - \theta_q \varepsilon_{t-q}$ 则称时间序列为服从 q 阶移动平均模型。移动平均模型平稳条件：任何条件下都平稳。

（3）自回归滑动平均混合模型 ARMA(p,q）：如果时间序列 y_t 满足 $y_t = \theta_1 y_{t-1} + \cdots + \theta_p y_{t-p} + \varepsilon_t - \theta_1 \varepsilon_{t-1} - \cdots - \theta_q \varepsilon_{t-q}$ 则称时间序列 y_t 为服从 (p,q) 阶自回归滑动平均混合模型。

ARMA 模型基本原理：

假设影响因素为 $x_1, x_2, \cdots, x_k$，由回归分析得出

$$Y = \beta_0 + \beta_1 x_1 + \beta_2 x_2 + \cdots + \beta_k x_k + e \tag{7.9}$$

式中：Y 为预测对象的观测值；e 为误差。

作为预测对象 Y_t 受到自身变化的影响，其规律变化体现为

$$Y_t = \beta_0 + \beta_1 x_{t-1} + \beta_2 x_{t-2} + \cdots + \beta_p x_{t-p} + e_t \tag{7.10}$$

误差项在不同时期具有依存关系为

$$e_t = \alpha_0 + \alpha_1 e_{t-1} + \cdots + \alpha_q e_{t-q} + \mu_t \tag{7.11}$$

获得 ARMA 模型表达式：

$$Y_t = \beta_0 + \beta_1 x_{t-1} + \beta_2 x_{t-2} + \cdots + \beta_p x_{t-p} + \alpha_0 + \alpha_1 e_{t-1} + \cdots + \alpha_q e_{t-q} + \mu_t \tag{7.12}$$

7.1.3 预测结果比较

分别用时间序列预测模型和灰色预测模型对某单机子系统质量状态评估结果进行预测比较，比较结果如表 7.2 和图 7.1 所示。

表 7.2 时间序列预测和灰色预测质量状态值对比

对比时间	原始结果	预测结果		相对误差	
		ARMA(p,q)	GM(1,1)	ARMA(p,q)	GM(1,1)
第 1 年	94.75	91.80	94.75	3.11%	0.00%
第 2 年	97.75	93.68	98.06	4.16%	0.31%
第 3 年	98.85	94.27	98.67	4.63%	0.18%
第 4 年	99.85	94.97	99.29	4.89%	0.56%
第 5 年	99.48	94.53	99.91	4.98%	0.43%

结合表 7.2 和图 7.1 对预测结果进行比较分析，很明显得出灰色预测较时间序列预测准确度更高、误差更小。所以采用灰色预测作为基础预测模型，对导弹装备性能质量状态进行预测。

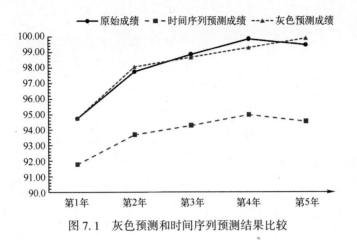

图 7.1　灰色预测和时间序列预测结果比较

7.2　基于性能测试数据的预测

以某型导弹一枚弹头低压气密性测试数据为例,选用 GM(1,1)预测模型进行未来 3 年测试值的预测,而后综合至单机质量状态预测。

7.2.1　预测过程

步骤 1: 假设 $X^{(0)}$ 为非负原始数据序列 $X^{(0)} = \{x^{(0)}(1), x^{(0)}(2), \cdots, x^{(0)}(n)\}$,其中 $x^{(0)}(i)$ 对应于时刻 i 的系统输出。

$$X^{(0)} = (0.084 \quad 0.085 \quad 0.084 \quad 0.083 \quad 0.084) \tag{7.13}$$

步骤 2: 对 $X^{(0)}$ 作一次灰色累加生成操作得到一个新的生成数据序列 $X^{(1)}$。

$$X^{(1)} = (0.084 \quad 0.169 \quad 0.253 \quad 0.336 \quad 0.420) \tag{7.14}$$

步骤 3: 由新数据序列 $X^{(1)}$ 建立灰色模型 GM(1,1),对应的白化微分方程为

$$\frac{\mathrm{d}x^{(1)}(t)}{\mathrm{d}t} + ax^{(1)}(t) = b \tag{7.15}$$

灰色微分方程为

$$x^{(0)}(k) + az^{(1)}(k) = b \tag{7.16}$$

式中:a 为发展系数;b 为灰作用量;$z^{(1)}(k)$ 为 $x^{(1)}(k)$ 在 $[k-1, k]$ 上的背景值。

$$Z^{(1)} = (-0.1265 \quad -0.2110 \quad -0.2945 \quad -0.3780) \tag{7.17}$$

步骤 4: 运用最小二乘法估计参数 a 和 b,参数 $\hat{\alpha} = (\hat{a}, \hat{b})^{\mathrm{T}}$ 最小二乘参数估计为

$$\hat{\alpha} = (\hat{a}, \hat{b})^{\mathrm{T}} = (0.004785 \quad 0.085208)^{\mathrm{T}} \tag{7.18}$$

109

其中

$$B = \begin{bmatrix} -1.4315 & 1.0000 \\ -0.2110 & 1.0000 \\ -0.2945 & 1.0000 \\ -0.3780 & 1.0000 \end{bmatrix} \qquad (7.19)$$

$$Y = \begin{bmatrix} 0.085 \\ 0.084 \\ 0.083 \\ 0.084 \end{bmatrix} \qquad (7.20)$$

步骤5：白化方程微分的时间响应函数为

$$\hat{x}^{(1)}(t) = \left[x^{(1)}(1) - \frac{b}{a} \right] e^{-a(t-1)} + \frac{b}{a} \qquad (7.21)$$

离散化为时间响应序列为

$$x^{(1)}(k) = \sum_{i=1}^{k} x^{(0)}(i), k \in (1,2,\cdots,n) \qquad (7.22)$$

$$\hat{X}^{(1)} = [0.0840, 0.1686, 0.2528, 0.3366, 0.4200] \qquad (7.23)$$

步骤6：通过式 $x^{(0)}(k) = x^{(1)}(k) - x^{(0)}(k-1), 2 \leqslant k \leqslant n$ 对得到的建模预测序列 $\hat{X}^{(1)}$ 进行一次累减还原得到原始数据的拟合值 $\hat{X}^{(0)}$。

$$\hat{X}^{(0)} = [0.0840 \quad 0.0846 \quad 0.0842 \quad 0.0838 \quad 0.0834 \quad 0.0830 \quad 0.0826 \quad 0.0822]$$
$$(7.24)$$

7.2.2 预测结果

对低压气密性的原始数据和预测数据进行对比，如表7.3所列。

表7.3 低压气密性数据预测比较

	第1年	第2年	第3年	第4年	第5年	预测第1年	预测第2年	预测第3年
原始数据	0.0840	0.0850	0.0840	0.0830	0.0840			
预测数据	0.0840	0.0846	0.0842	0.0838	0.0834	0.0830	0.0826	0.0822
残差	0.0000	-0.0004	0.0002	0.0008	-0.0006			

分别对低压气密性的原始数据和预测数据进行"五性"评估，得到两种数据的评估结果，如表7.4所列。

表 7.4　基于数据预测的弹头低压气密性评估成绩比较

	第 1 年	第 2 年	第 3 年	第 4 年	第 5 年	预 测 第 1 年	预 测 第 2 年	预 测 第 3 年
原始数据评估成绩	92.10	84.96	86.78	86.22	88.14			
预测数据评估成绩	92.10	83.07	85.94	86.56	86.59	88.08	86.97	85.88
残差	0.00	−1.89	−0.84	0.34	−1.55			

同理,分别对该弹头的其他评估指标数据进行预测,主要是对"高压气密性"测试数据、"外观"打分数据、"对接情况"数据、"服役履历信息"数据进行预测,如表 7.5 所列。

表 7.5　基于数据预测的弹头各级指标评估成绩

	第 1 年	第 2 年	第 3 年	第 4 年	第 5 年	预 测 第 1 年	预 测 第 2 年	预 测 第 3 年
弹头评估成绩	96.09	94.57	93.85	92.35	91.40	90.58	89.65	88.72
外观	96.58	94.51	91.20	87.96	84.77	81.65	78.59	75.58
气密性	95.77	94.50	94.42	93.76	92.86	92.14	91.26	90.39
基本情况	93.82	89.52	85.37	78.28	76.76	75.24	73.71	72.19
对接情况	99.99	99.99	99.99	99.99	99.99	99.99	99.99	99.99

在上述预测的基础上,由前述信息融合方法预测该弹头未来 3 年的质量状态指数。同样,在各单机质量状态指数预测值取得后,逐级综合得到整弹系统未来 3 年的质量状态指数。

7.3　基于单机质量状态指数的预测

基于单机质量状态指数的预测是在已获得单机子系统逐年质量状态指数的基础上,采用 GM(1,1)预测模型对其未来 3 年进行质量状态指数预测。而后逐级综合预测整弹系统未来 3 年的质量状态指数。

基本预测步骤:

步骤 1:应用 GM(1,1)预测模型分别对多个单机子系统的评估值作出预测。

步骤 2:应用加权法,以多个单机子系统的预测值为基础逐级进行计算,弹体各级指标应用几何加权法,其余各级指标应用线性加权法,详细过程如图 7.2 所示。

以某枚弹头为例,说明图 7.2 所示预测过程。

其逐年评估结果值,如表 7.6 所列。

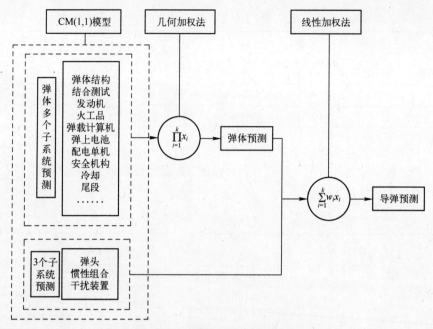

图 7.2　灰色加权组合预测模型图

表 7.6　某枚弹头逐年评估结果

	第 1 年	第 2 年	第 3 年	第 4 年	第 5 年
弹头评估成绩	96.06	94.18	93.36	91.01	91.19

利用 GM(1,1)预测模型对该弹头的逐年评估结果值进行预测,预测结果如表 7.7 所列。

表 7.7　基于单机评估结果值的预测比较

弹头	第 1 年	第 2 年	第 3 年	第 4 年	第 5 年	预测第 1 年	预测第 2 年	预测第 3 年
原始成绩 $\hat{x}^{(0)}(k)$	96.06	94.18	93.36	91.01	91.19			
预测成绩 $\hat{x}^{(0)}(k)$	96.06	94.14	92.99	91.86	90.74	89.63	88.54	87.46
残差 $\varepsilon = \hat{x}^{(0)}(k) - x^{(0)}(k)$	0.0000	-0.0377	-0.3660	0.8497	-0.4507			
相对误差 $\Delta_k = \dfrac{\vert \varepsilon(k) \vert}{x^{(0)}(k)}$	0.00%	0.04%	0.39%	0.93%	0.49%			

上述对同一枚弹头分别从测试数据、单机评估两个角度预测了该弹头的后 3 年质量状态值,预测结果如表 7.8 和图 7.3 所示。

表 7.8　基于测试数据预测和基于单机评估结果预测结果比较

时间	原始成绩	灰色预测成绩比较		残差比较		相对误差比较	
		基于测试数据预测	基于单机评估预测	基于测试数据预测	基于单机评估预测	基于测试数据预测	基于单机评估预测
第 1 年	96.06	96.09	96.06	0.0348	0.0000	0.04%	0.00%
第 2 年	94.18	94.57	94.14	0.3871	−0.0377	0.41%	0.04%
第 3 年	93.36	93.85	92.99	0.4946	−0.3660	0.53%	0.39%
第 4 年	91.01	92.35	91.86	1.3402	0.8497	1.47%	0.92%
第 5 年	91.19	91.40	90.74	0.2136	−0.4507	0.23%	0.49%
预测第 1 年		90.58	89.63				
预测第 2 年		89.65	88.54				
预测第 3 年		88.72	87.46				

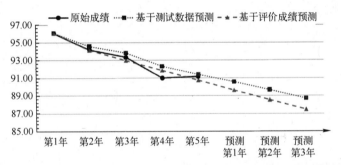

图 7.3　基于测试数据和基于单机评估的子系统预测结果比较

通过比较可得出：

（1）两种方法得出预测结果在数值上差别不大，都随着弹头储存使用时间的延长，而呈下降趋势。

（2）基于测试数据预测所得结果普遍高于原始评估值，基于单机评估预测的结果随原始评估值的变化上下浮动，所以基于单机评估预测得出的结果更加符合评估结果变化规律。

（3）基于单机评估预测的残差值普遍较基于测试数据预测的残差值小。

（4）基于单机评估预测的相对误差值普遍较基于测试数据预测的相对误差值小。

因此，将基于单机评估值的灰色预测作为单机子系统未来性能质量状态预测的方法。

利用灰色加权预测模型，最终求出该枚导弹的总预测成绩，如表 7.9 所列，

113

其整体趋势变化,如图7.4所示。

表7.9 导弹灰色预测成绩

	第1年	第2年	第3年	第4年	第5年	预测第1年	预测第2年	预测第3年
原始成绩	91.43	89.84	88.70	88.09	88.18			
预测成绩	91.43	89.55	88.98	88.42	87.86	87.30	86.75	86.21
残差	0.0000	-0.2830	0.2875	0.3242	-0.3181			
相对误差	0.00%	-0.32%	0.32%	0.37%	-0.36%			

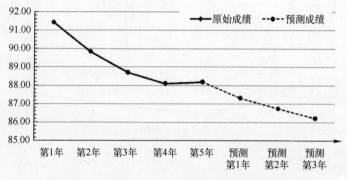

图7.4 导弹整弹系统灰色预测成绩趋势变化图

经分析得出:灰色加权组合预测模型是以单机子系统评估值为基础,逐级进行的预测。该模型反映的信息比较客观全面,保证了预测结果的可靠性,因此该模型合理可行。研究中,主要采用灰色加权组合预测模型作为导弹整弹系统质量状态的预测模型。

7.4 基于实弹发射信息的整弹性能质量状态预测

在实际作战中,对于不同的敌方目标来说,需要造成的毁伤有时是不一样的。鉴于这个原因,在实施火力打击时,针对不同目标的毁伤要求,可以根据导弹的性能质量状态选取符合要求的导弹,做到毁伤敌方目标既有针对性又不浪费资源。因此,准确掌握待发射导弹的性能质量状态,对于作战部队来说具有重大意义。利用以往实弹发射信息,运用神经网络和支持向量机两种方法分别预测待发射导弹性能质量状态,并对比分析两种方法的适用性,实现待发射导弹性能质量状态的可靠预测。

7.4.1 预测思路

实弹发射的结果尽管受到诸如气象等方面因素的影响,但主要取决于导弹自身的性能质量状态,是其性能质量状态的真实外在反映。由于复杂导弹武器系统的使用特殊性,具有较其他武器装备更为显著的特点,即"长期储存,定期检测,一次使用"。对于导弹这类一次性使用装备,若发射失败,则对技术与管理等原因分析较为透彻,往往归为某一部件、单机子系统的问题;而若发射成功,则很少深入研究,大量蕴含极大价值的测试、使用和管理等信息仅仅存档,没有充分地分析利用,而这些宝贵的信息对于预测待发射导弹性能质量状态具有很大的研究价值。因此,可以运用神经网络和支持向量机两种方法的分类功能分别构建模型,建立导弹实弹发射结果信息与其构成的单机子系统性能质量状态之间的联系,实现待发射导弹性能质量状态的可靠预测。

基于神经网络的预测思路为:首先,将导弹实弹打击效果如落点圆概率误差(CEP)与整弹系统性能质量状态等级建立一一对应关系,由此根据实弹发射结果将整弹系统划分为优秀、良好、一般、不合格,将其作为神经网络的输出;其次,以导弹发射前多个单机子系统性能质量状态评估成绩作为神经网络的输入,由输出、输入端个数构建适当层数的神经网络;再次,梳理多枚同型号导弹实弹发射前后的信息,建立一一对应的神经网络的输入、输出,作为样本反复训练所构建的神经网络;最后,对于待发射导弹梳理其单机子系统性能质量状态评估值,作为输入代入训练好的神经网络预测导弹的性能质量状态;在训练过程中,每一次实弹发射的信息均可作为样本对神经网络继续训练,进一步优化网络权重,不断提高神经网络预测准确度。由于神经网络适用于处理大样本数据,因此神经网络预测模型一般用来预测积累多年、具有足够多样本数据的小型号常规导弹。

基于支持向量机的预测思路为:首先,将导弹实弹打击效果如落点 CEP 与整弹系统性能质量状态等级建立一一对应关系,由此根据实弹发射结果将整弹系统划分为优秀、良好、一般、不合格,将其作为支持向量机的输出,以导弹发射前多个单机子系统性能质量状态评估成绩作为支持向量机的输入;其次,梳理多枚导弹实弹发射前后的信息,建立一一对应的支持向量机的输入、输出,作为样本训练支持向量机,确定惩罚因子和核函数;最后,对于待发射导弹梳理其单机子系统性能质量状态评估值,作为输入,代入已确定的支持向量机预测模型,预测导弹的性能质量状态。由于支持向量机适用于处理小样本数据,因此运用支持向量机既可以预测积累多年、具有足够多样本数据的小型号常规导弹质量状态,也可以预测发射次数少、样本较少的大型号导弹质量状态。

7.4.2 预测模型构建

在目前的性能质量状态预测当中还没有比较合理的神经网络模型。为了描述一个未知的映射,必须确定神经网络的结构以及权系数,因此满足该映射的网络模型只能通过学习的过程得到。神经网络的学习过程可以理解为:为使给定的误差函数最小,对于给定的网络结构,寻求一组满足要求的权系数。在设计多层前馈网络时,通常运用实验或者探讨其他模型方法,在探索中改进,最终可以得到一个满足要求的方案。实验方法可以参照以下步骤:对于大部分实际应用,首先只挑选一个隐含层,使用少量的隐含层节点数,然后慢慢增加隐含层节点数,循序渐进,从而取得满足要求的性能;根据此思路可以重复两个甚至多个隐含层。

该训练过程的实质其实是将目标值与输出值之间误差的大小作为参考,不断修改权值和阈值,直到误差满足期望值为止。

以某型号导弹为例,针对该型号导弹特点,若整弹系统可分解为 15 个单机子系统、所有测试参数共有 300 个,所构建预测模型的输入节点或者由每个单机子系统性能质量状态评估值构成,假设网络有 15 个输入节点,或者是由所有的参数测试数据构成,即 300 个输入节点。显然,以参数测试数据作为输入节点,尽管包括了全部测试信息,但舍弃了管理、使用信息,并且构建的模型比较复杂,不适用于训练、使用;若从 300 个参数中选取部分参数作为输入节点,则存在以什么规则筛选,筛选到几个参数合适的问题,解决起来比较困难;若以 15 个单机子系统性能质量状态评估值作为输入节点,包括了导弹所有的测试、管理、使用等信息,但要求在评估每个单机子系统时,评估结果必须较为准确。综合考虑,以 15 个单机子系统性能质量状态评估值作为模型的输入节点,即有 15 个输入点。

构建的神经网络输出节点为 4 个,分别是 $[1,0,0,0]$、$[0,1,0,0]$、$[0,0,1,0]$、$[0,0,0,1]$,代表"优秀,良好,一般,不合格"。

构建的神经网络隐层数为 1,其隐层节点数根据如下经验公式获得,即

$$j = \sqrt{n+m} + \alpha \tag{7.25}$$

式中:n 为输入节点个数;m 为输出节点个数;α 为 1~10 之间的常数。根据上述公式,隐层节点数应当在 5~14 之间。

综合以上分析,所设计的某型号导弹性能质量状态预测的前馈神经网络模型如图 7.5 所示,激活函数由 $\varphi(v) = \dfrac{1}{1+e^{-\alpha v}}$ 来决定。

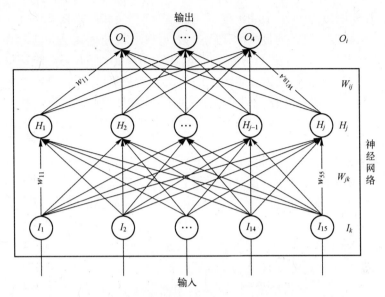

图 7.5　某型号导弹性能质量状态预测的前馈神经网络模型

支持向量机(SVM)具有成熟的理论基础,其泛化性能非常好,在处理小样本数据的非线性高维数以及局部极小点等方面具有强大的优势。运用 SVM 建模时,首先运用内积核函数将训练样本映射到一个高维空间,在这个高维空间里,建立最大分类超平面,SVM 通过搜索风险最小的结构来提升其泛化能力。非线性数据映射到高维空间示意图如图 7.6 所示。通常来讲,SVM 的实质是二类分类问题,可以看作在一个特征空间内寻找最大分类间隔的线性分类器,使分类间隔最大化。

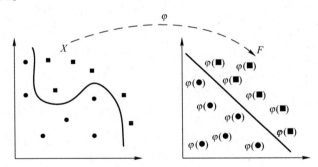

图 7.6　非线性数据映射到高维空间示意图

在支持向量机中,影响其学习效率和泛化能力的主要参数是惩罚因子 c 和核函数参数 g 的取值,但是支持向量机并没有提供很好地选择这两种参数的简单方法,在实际应用中,一般用混沌优化法、遗传算法和网格搜索法这3种比较成熟的方法来搜索支持向量机的最优参数。其中,混沌优化法和遗传算法适用于大样本数据的处理,但最优参数的获取存在不确定性,不一定能获得最优参数。而网格搜索法能够搜索规定范围内的所有参数组合,可以确定得到最优参数,因此适用于小样本数据的处理,但预测速率偏慢。对于导弹这种特殊的装备,总体上实弹发射次数并不是很多,可用样本相对较少,因此在此选用网格搜索法。

网格搜索法的基本原理是根据给定的步长,在某一规定的矩形范围内寻求全部符合要求的参数组合。具体步骤如下:

步骤 1:将网格搜索中 c 和 g 的值设定在一个合理的范围,并确定搜索时相应的步长。至此,在 c 与 g 的坐标系上构建了一个二维网格。

步骤 2:在构建的坐标系中提取一对参数 (c,g),利用训练样本通过 LIBSVM(一个简单、易于使用和快速有效的 SVM 模式识别与回归的软件包)软件对支持向量机进行训练,然后用测试样本进行预测,并记下其准确率。

步骤 3:重复步骤 2,直到二维网格中全部参数组合被训练一次。

步骤 4:最后将所有参数对 (c,g) 用等高线描绘出来,并确定 c 与 g 的最佳取值。

在运用 SVM 对某型号导弹进行性能质量状态预测时,输入节点 15 个,即 15 个单机子系统性能质量状态评估值,输出节点 4 个,分别是"1,2,3,4",代表"优秀,良好,一般,不合格"。

7.4.3　基于神经网络与支持向量机的预测

如表 7.10 所列,以某单位已发射的 26 枚导弹作为训练样本,首先对测试数据进行标准化处理,依次对弹头、惯组、干扰装置、弹体结构、综合测试、弹上计算机、电池、导航设备 1、配电单机、导航设备 2、安全机构、冷喷、尾段、发动机、火工品 15 个子系统进行评估获得其性能质量状态评估值,作为神经网络输入,以 26 枚导弹实弹发射信息对应的性能质量状态等级作为输出,对所构建的神经网络进行训练。这里需要说明的是,在收集导弹发射信息时,没有收集到不合格导弹的信息,在此仅根据优秀、良好、一般三种状态导弹的发射信息,来验证该方法是否可行。

用另外 4 枚已发射导弹作为测试样本,将其单机子系统性能质量状态评估值作为输入代入训练好的神经网络来预测,4 枚导弹的相关信息如表 7.11 所列。

118

表 7.10 某单位已发射的 26 枚导弹性能质量状态评估值

编号	状态评级	整弹	弹头	惯组	干扰装置	弹体结构	综合测试	弹上计算机	电池	导航设备 1	配电单机	导航设备 2	安全机构	冷喷	尾段	发动机	火工品
1	优秀	0.9161	0.9374	0.9305	0.7343	0.7465	0.9110	0.9143	0.9247	0.9343	0.9273	0.9254	0.7597	0.9308	0.8311	0.8729	0.9686
2	优秀	0.9151	0.9667	0.9029	0.8352	0.7465	0.8979	0.9317	0.9339	0.9167	0.9296	0.9356	0.7597	0.9440	0.8495	0.8840	0.9719
3	优秀	0.9191	0.9391	0.9305	0.7843	0.7463	0.8976	0.9318	0.9343	0.9369	0.9262	0.9350	0.7597	0.9286	0.8463	0.8658	0.9543
4	优秀	0.9103	0.9517	0.9032	0.8475	0.7465	0.8990	0.9175	0.9257	0.9316	0.9288	0.9272	0.7597	0.9160	0.8467	0.8698	0.9619
5	优秀	0.9214	0.9457	0.9391	0.7822	0.7465	0.8898	0.9207	0.9352	0.9313	0.9271	0.9353	0.7597	0.9349	0.8189	0.8678	0.9235
6	优秀	0.9103	0.9591	0.9006	0.7831	0.7465	0.9169	0.9304	0.9360	0.9330	0.9275	0.9254	0.7597	0.9416	0.8290	0.8755	0.9737
7	良好	0.9041	0.9667	0.8921	0.7460	0.7463	0.9166	0.9305	0.9341	0.9299	0.9249	0.9350	0.7597	0.9303	0.8514	0.8587	0.9468
8	良好	0.9058	0.9667	0.8973	0.7555	0.7465	0.8742	0.9281	0.9349	0.9381	0.9254	0.9351	0.7597	0.9109	0.8450	0.8698	0.9423
9	良好	0.9097	0.9245	0.9305	0.6275	0.7465	0.8382	0.9306	0.9356	0.9380	0.9284	0.9265	0.7597	0.9298	0.8440	0.8750	0.9695
10	良好	0.9073	0.9386	0.9029	0.7138	0.7872	0.8948	0.9415	0.9454	0.9227	0.9288	0.9437	0.8150	0.9320	0.8367	0.8891	0.9767
11	良好	0.9027	0.9667	0.8900	0.6972	0.7465	0.9024	0.9316	0.9362	0.9368	0.9279	0.9357	0.7597	0.9391	0.8479	0.8684	0.9696
12	良好	0.9007	0.9425	0.9050	0.6073	0.7465	0.9061	0.9309	0.9357	0.9270	0.9281	0.9357	0.7597	0.9157	0.8429	0.8684	0.9568
13	良好	0.9078	0.9667	0.8983	0.8150	0.6822	0.8987	0.9120	0.9168	0.9371	0.9291	0.9235	0.7597	0.9224	0.8387	0.8840	0.9583
14	良好	0.9045	0.9321	0.9050	0.7786	0.7465	0.9454	0.9140	0.9249	0.9382	0.9270	0.9268	0.7597	0.9329	0.8269	0.8755	0.9324
15	良好	0.9056	0.9258	0.9050	0.7924	0.7462	0.8680	0.9297	0.9342	0.9144	0.9274	0.9266	0.7597	0.9262	0.8539	0.8820	0.9630
16	良好	0.9032	0.9251	0.9050	0.7587	0.7464	0.9045	0.9327	0.9363	0.9350	0.9270	0.9351	0.7597	0.9260	0.8342	0.8604	0.9432
17	良好	0.9016	0.9303	0.9050	0.7014	0.7464	0.8905	0.9280	0.9357	0.9367	0.9255	0.9354	0.7597	0.9239	0.8477	0.8412	0.9737

编号	状态评级	整弹	弹头	惯组	干扰装置	弹体结构	综合测试	弹上计算机	电池	导航设备1	配电单机	导航设备2	安全机构	冷喷	尾段	发动机	火工品
18	一般	0.8982	0.9412	0.8900	0.7673	0.7465	0.9012	0.9146	0.9245	0.9365	0.9275	0.9265	0.7597	0.9275	0.8386	0.8678	0.9506
19	一般	0.8958	0.9062	0.9007	0.7730	0.7037	0.9001	0.9161	0.9250	0.9354	0.9277	0.9266	0.7597	0.9375	0.8384	0.8503	0.9452
20	一般	0.8695	0.9152	0.8348	0.7738	0.7872	0.8984	0.9132	0.9250	0.9318	0.9269	0.9266	0.8150	0.9317	0.8320	0.8703	0.9583
21	一般	0.8891	0.8816	0.8921	0.8121	0.7465	0.8877	0.9324	0.9361	0.9160	0.9281	0.9351	0.7597	0.9360	0.8465	0.7906	0.9555
22	一般	0.8951	0.9106	0.9050	0.6450	0.7465	0.8834	0.9312	0.9352	0.9355	0.9285	0.9352	0.7597	0.9379	0.8260	0.8613	0.9346
23	一般	0.8843	0.9234	0.8709	0.6680	0.7464	0.8998	0.9305	0.9357	0.9376	0.9263	0.9357	0.7597	0.9134	0.8360	0.8752	0.9570
24	一般	0.8857	0.9232	0.8709	0.6642	0.7465	0.9273	0.9318	0.9358	0.9371	0.9254	0.9362	0.7597	0.9314	0.8607	0.8698	0.9701
25	一般	0.8872	0.9198	0.8709	0.7320	0.7484	0.8955	0.9306	0.9351	0.9387	0.9253	0.9350	0.7597	0.9419	0.8697	0.8678	0.9673
26	一般	0.8909	0.9526	0.8624	0.8034	0.7463	0.8625	0.9314	0.9351	0.9377	0.9256	0.9352	0.7597	0.9408	0.8411	0.8821	0.9572

表 7.11 某旅已发射的 4 枚导弹相关信息

编号	状态评级	整弹	弹头	惯组	干扰装置	弹体结构	综合测试	弹上计算机	电池	导航设备1	配电单机	导航设备2	安全机构	冷喷	尾段	发动机	火工品
1	优秀	0.9194	0.9639	0.9305	0.6836	0.7850	0.8958	0.9243	0.9339	0.9374	0.9277	0.9351	0.8150	0.9414	0.8273	0.8662	0.9607
2	良好	0.9097	0.9574	0.8983	0.7595	0.7872	0.8986	0.9408	0.9454	0.9308	0.9281	0.9449	0.8150	0.9469	0.8520	0.8778	0.9651
3	良好	0.9041	0.9613	0.8966	0.7263	0.7465	0.9004	0.9166	0.9254	0.9371	0.9281	0.9265	0.7597	0.9370	0.8459	0.8698	0.9660
4	一般	0.8878	0.9103	0.8709	0.8128	0.7251	0.8927	0.9323	0.9356	0.9316	0.9272	0.9344	0.7597	0.9366	0.8277	0.8769	0.9524

该神经网络的训练及预测通过 Matlab 软件运行实现。如图 7.7 是神经网络的误差变化曲线,从图中可以看到,当训练至 2731 步时,网络性能达到设计要求,可以使用。表 7.12 是测试样本的预测结果,可以看到编号 29 号导弹的预测结果与实际结果不符,其余 3 枚预测结果与实际结果均相符。

表 7.12　神经网络模型预测结果

编　　号	神经网络预测值	神经网络预测等级	实际状态等级
1	$(1.6151, -0.5626, -0.0524)$	优秀	优秀
2	$(0.2101, 1.0803, -0.2900)$	良好	良好
3	$(0.0095, 0.4395, 0.5511)$	<u>一般</u>	<u>良好</u>
4	$(-0.0048, -0.3955, 1.4057)$	一般	一般
预测准确率		75%	—

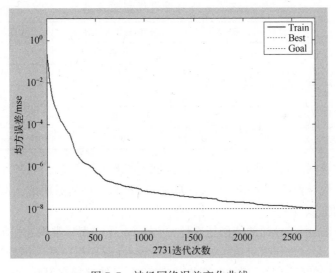

图 7.7　神经网络误差变化曲线

以上述 26 枚已发射导弹为学习样本,利用 LIBSVM 软件构建导弹性能质量状态预测模型,另外 4 枚已发射导弹为测试样本,运用网格搜索法得到的惩罚因子 c 和核函数参数 g 的取值和其等高线如图 7.8 所示,从图中可以看到 $c = 0.00097656, g = 64$,识别率为 100%。输入测试样本后发现,4 枚导弹的预测结果均与实际状态相符,如表 7.13 所列。

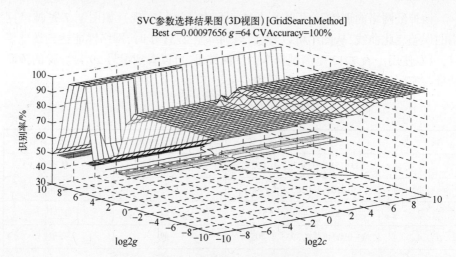

SVC参数选择结果图 (3D视图) [GridSearchMethod]
Best c=0.00097656 g=64 CVAccuracy=100%

图 7.8　参数对 (c,g) 等高线图

表 7.13　支持向量机模型预测结果

编　　号	支持向量机预测结果	支持向量机预测等级	实际状态等级
1	1	优秀	优秀
2	2	良好	良好
3	2	良好	良好
4	3	一般	一般
预测准确率		100%	—

　　对比神经网络和支持向量机两种方法的预测结果可以看到,神经网络预测结果中有 1 枚导弹的预测结果与实际状态不符,而支持向量机的预测结果均与实际状态相符。

　　分析原因,由于导弹的使用特殊性,通常情况下小型号常规导弹每年实弹发射次数较多,大型号导弹每年实弹发射相对较少,而且都还是不同型号,这就导致了样本数据的稀缺。运用神经网络处理数据,虽然其具有很好的自学习性,但通常都需要大量的样本数据,而对于已发射的导弹而言,若样本数据较少,则预测精度会受较大影响;对于支持向量机来说,其具有良好的处理非线性小样本数据的能力,因此非常适合用来预测导弹这类特殊装备的性能质量状态。

　　在选择预测方法的时候,由于小型号常规导弹实弹发射次数相对比较频繁,若能多年累积足够多的样本数据后,神经网络和支持向量机两种方法都能适用于其性能质量状态的预测;而对于大型号导弹或者是新装备到部队的常规导弹,由于其样本数据较少,因此选用支持向量机来预测其性能质量状态。

第8章　批量导弹性能质量状态评估

在导弹单机子系统与整弹系统质量状态评估与预测的基础上,进行批量导弹性能质量状态评估,在战时打击波次批量发射可以掌握批量导弹的整体质量状态情况、打击高价值目标时可以优先导弹以确保摧毁;在平时装备使用、管理中能够掌握某一批次、某一单位装备质量状况,分析地域等因素对装备质量的影响,有计划地安排装备采购、维修计划等工作。

针对导弹装备各部分特点,部队实际上并非整弹储存管理,而是几部分分开管理,一般弹头、弹体、控制系统关键部件如惯组与平台、突防干扰装置分开存放,战时根据打击目标选择弹头类型,根据惯组与平台的性能质量状况优先与弹体组合,根据战场环境选择突防干扰装置。因此,导弹整弹是根据作战任务与战场环境的临时组合,批量导弹性能质量状态评估需要解决组合优化和统计分析两个方面问题。

8.1　批量导弹组合优化

根据导弹打击目标与作战任务规划、战场环境情况需要组合批量导弹,为有效提高所有导弹整体性能,最大限度地实现资源优化配置并提升部队导弹的整体作战水平。以各单机子系统质量状态的评估值为基础,采用优优组合和批质量最优组合对分系统进行组合比较,进一步选择出适合作战任务的有效组合方式作为最终应用方式。

8.1.1　优优组合

当作战目标为高价值目标,必须确保予以摧毁时,需要优先挑选出性能最好的导弹进行作战。基于此方面考虑,提出了优优组合方式。所谓优优组合就是先依据评估结果对各系统从优到劣排序,即 $Z \rightarrow A$(降序),而后依据排序结果,将各分系统组合在一起并构成完整的导弹。评估结果如表8.1所列。

表 8.1 10 枚某型导弹分系统优优组合排序

导 弹		弹 头		弹 体		惯性组合		干扰装置	
		$Z \rightarrow A$		$Z \rightarrow A$		$Z \rightarrow A$		$Z \rightarrow A$	
编号	评估值	编号	评估值	编号	评估值	编号	评估值	编号	评估值
DD8	93.06	DT8	96.67	DTI8	91.57	GZ8	93.05	GR6	90.06
DD9	91.57	DT9	95.74	DTI9	91.31	GZ7	90.50	GR4	88.50
DD7	91.32	DT7	95.17	DTI7	91.06	GZ9	90.50	GR1	86.70
DD10	90.38	DT1	92.87	DTI10	90.55	GZ10	89.73	GR5	86.23
DD1	86.69	DT10	92.58	DTI1	89.42	GZ1	82.87	GR3	83.71
DD6	81.61	DT6	91.92	DTI6	88.96	GZ6	72.64	GR8	81.28
DD4	80.41	DT4	91.81	DTI4	88.90	GZ4	70.36	GR2	78.70
DD5	79.52	DT3	91.79	DTI5	88.73	GZ3	68.60	GR9	78.31
DD2	78.68	DT5	91.59	DTI2	88.63	GZ5	66.96	GR7	77.86
DD3	78.28	DT2	90.68	DTI3	88.60	GZ2	66.87	GR10	73.20

注:$A \rightarrow Z$ 代表升序,$Z \rightarrow A$ 代表降序

可以看出:该组合方式不仅能拉开导弹评估结果的分值,而且能较明显地判断出导弹的性能质量状态,但是在解决资源的合理搭配和有效利用方面缺少考虑,极有可能造成资源浪费。

8.1.2 批质量最优组合

从保证分系统资源有效利用和提高批量导弹整体性能质量状态等方面考虑,提出了批质量最优组合方式。其基本原理是:针对弹头、弹体、惯性组合、干扰装置各个分系统中的每个分系统排列顺序都有 $A \rightarrow Z$ 和 $Z \rightarrow A$ 两种方式,结合数理统计知识可得出 7 种组合方式(表 8.2)(实际评估中,根据分系统的数量合理安排组合方式),根据组合方式的不同,计算出导弹的评估值,最后按照评估结果最优原则对导弹分系统进行实际组合。据以上组合方式,对 4 个分系统进行组合,得出导弹评估结果如表 8.3 所列,评估的区间分布如图 8.1 所示。

表 8.2 导弹批质量最优组合方式

排序	弹 头		弹 体		惯性组合		干扰装置	
	$A \rightarrow Z$	$Z \rightarrow A$	$A \rightarrow Z$	$Z \rightarrow A$	$A \rightarrow Z$	$Z \rightarrow A$	$A \rightarrow Z$	$Z \rightarrow A$
第 1 类	●			●	●			●
第 2 类	●			●	●			●
第 3 类	●			●		●	●	

(续)

排序	弹 头		弹 体		惯 性 组 合		干 扰 装 置	
	$A\to Z$	$Z\to A$	$A\to Z$	$Z\to A$	$A\to Z$	$Z\to A$	$A\to Z$	$Z\to A$
第4类	●		●			●		●
第5类	●			●	●			●
第6类	●			●		●	●	
第7类	●			●		●		●

注:"●"代表选择了该方式

表8.3 导弹批质量最优组合后评估值

组合类型	第1类	第2类	第3类	第4类	第5类	第6类	第7类
某导弹评估值	93.06	92.35	90.36	91.07	91.38	91.33	92.04
	91.57	91.12	89.63	89.99	90.25	90.42	90.87
	91.32	90.96	89.54	89.98	90.20	90.39	90.74
	90.38	90.07	89.35	89.67	89.53	89.89	90.20
	86.69	86.59	86.33	86.43	86.44	86.48	86.58
	81.61	81.71	81.98	81.87	81.86	81.83	81.72
	80.41	80.73	81.45	81.13	81.27	80.91	80.59
	79.52	79.88	81.21	80.86	80.64	80.45	80.10
	78.68	79.13	80.98	80.27	80.00	80.01	79.39
	78.28	78.99	80.71	80.26	79.96	79.84	79.30
区间跨度	14.78	13.36	9.65	10.81	11.42	11.49	12.74
平均值	85.15	85.15	85.15	85.15	85.15	85.15	85.15

注:每一类组合的导弹评估值按照 $Z\to A$ 方式排列

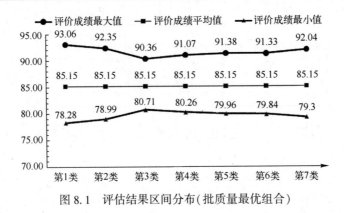

图8.1 评估结果区间分布(批质量最优组合)

结合表 8.3 和图 8.1,对经过批质量最优组合得出的导弹评估结果分析如下:

(1) 导弹评估结果的平均值相同,最大值和最小值不同。

(2) 评估成绩区间跨度按由大到小的顺序为第 1 类、第 2 类、第 7 类、第 6 类、第 5 类、第 4 类、第 3 类。由此可得出:评估值跨度大表明评估结果分布相对较分散,导弹总体性能质量状态较差;而评估值跨度小表明分布相对较集中,导弹总体性能质量状态较好。

(3) 分系统组合方式按照从优到劣的顺序为第 3 类、第 4 类、第 5 类、第 6 类、第 7 类、第 2 类、第 1 类。由此可得出第 3 类组合方式最优,并将其作为本次分系统的实际应用组合方式。

8.1.3 不同组合的导弹质量等级对比

根据导弹性能质量状态等级划分标准,运用模糊综合评估法对表 8.6 中 10 枚导弹(分系统是随机组合在一起)的评估结果进行性能质量状态等级划分。划分结果如表 8.4 所列。

表 8.4 10 导弹性能质量状态等级划分结果(分系统随机组合)

导弹编号	优秀	良好	一般	不合格品	最大隶属度	性能质量状态等级
DD1	0.5407	0.4593	0.0000	0.0000	0.5407	优秀
DD2	0.3856	0.1701	0.4442	0.0000	0.4442	一般
DD3	0.3975	0.1817	0.4208	0.0000	0.4208	一般
DD4	0.4218	0.2224	0.3558	0.0000	0.4218	优秀
DD5	0.4207	0.1365	0.4429	0.0000	0.4429	一般
DD6	0.4301	0.2983	0.2717	0.0000	0.4301	优秀
DD7	0.8366	0.1557	0.0077	0.0000	0.8366	优秀
DD8	0.9288	0.0712	0.0000	0.0000	0.9288	优秀
DD9	0.8413	0.1525	0.0061	0.0000	0.8413	优秀
DD10	0.8044	0.1727	0.0229	0.0000	0.8044	优秀

根据最大隶属度原则可得出:10 枚导弹有 7 枚隶属于优秀,3 枚隶属于一般。

参考表 8.3 可得出该批导弹选用第 3 种组合方式(即弹头、弹体和干扰装置为 $A \to Z$,惯性组合为 $Z \to A$),其整体性能质量状态最好。对采用该方式组合之后的导弹进行性能质量状态等级划分,划分结果如表8.5所列。

根据最大隶属度原则进一步得出:10枚导弹有8枚隶属于优秀,1枚隶属于良好,1枚隶属于一般。

对同一批的10枚导弹分系统批量组合后的质量等级如图8.2所示,结果分析如下。

表8.5　导弹性能状态等级划分结果(批质量最优组合)

导弹编号	优秀	良好	堪用三级	不合格品	最大隶属度	性能质量状态等级
DT8	0.4748	0.0375	0.4877	0.0000	0.4877	一般
DT9	0.4708	0.0499	0.4793	0.0000	0.0499	良好
DT7	0.4480	0.1040	0.4479	0.0000	0.4480	优秀
DT1	0.4621	0.1791	0.3588	0.0000	0.4621	优秀
DT10	0.4276	0.3003	0.2722	0.0000	0.4276	优秀
DT6	0.5064	0.4936	0.0000	0.0000	0.5064	优秀
DT4	0.7523	0.2433	0.0044	0.0000	0.7523	优秀
DT3	0.7760	0.2183	0.0057	0.0000	0.7760	优秀
DT5	0.7707	0.2221	0.0072	0.0000	0.7707	优秀
DT2	0.8254	0.1509	0.0237	0.0000	0.8254	优秀

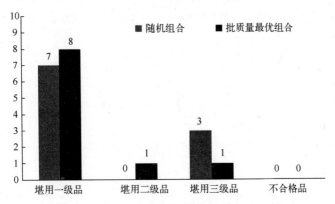

图8.2　10枚导弹分系统批量组合后的质量等级

优秀:批质量最优组合比随机组合多1枚;良好:批质量最优组合有1枚;一般:批质量最优组合比随机组合少2枚。所以说,批质量最优组合在一定程度上提高了该批次导弹的性能质量状态,对提升部队战斗力起到了助推作用。

8.2 批量导弹质量状态统计分析

在导弹各单机子系统与整弹系统质量状态指数和质量等级已评估的基础上,为了使评估结果发挥出更有效的应用价值,结合导弹的出厂批次、部件间的特点、使用单位的不同等多个方面对导弹进行比较。比较结果保证了能够更加全面地掌握导弹性能质量状态,具有较高的参考价值。批量导弹质量状态统计分析主要有两个方面工作:评估值的特征分析,评估值与影响因素的相关性分析。

评估值的特征分析包括同批次(同一单位)装备评估值的分布位置即均值、中位数,分布范围即最大值与最小值之差,分布波动情况如平方和、方差、标准差等表现的是批次质量稳定程度。而后针对同类型装备不同批次、不同单位分别进行对比分析,找出质量差异的原因。

评估值相关性分析是分析评估值与生产、使用过程中影响质量的某些因素之间的相关性。如批次产品与生产其的原材料、元器件质量之间的相关性,不同地域同类装备质量评估值与其储存使用环境之间的相关性等。

批次性单机与整弹的统计分析方法相同,在以下示例中未作特别区分。

8.2.1 同一批次单机质量状态分析

应用已建好的评估模型评出某型 10 枚导弹的评估结果和各级指标的评估值。其中弹头、弹体、惯性组合、干扰装置 4 个分系统的评估值以及导弹的评估结果(前提假设 4 个分系统已经组合在一起),如表 8.6 所列。

表 8.6 10 枚导弹分系统评估成绩

导弹		弹头		弹体		惯性组合		干扰装置	
编号	评估值	编号	评估值	编号	评估值	编号	评估值	编号	评估值
DD1	86.87	DT1	92.87	DTI1	89.42	GZ1	82.87	GR1	86.70
DD2	78.52	DT2	90.68	DTI2	88.63	GZ2	66.87	GR2	78.70
DD3	79.71	DT3	91.79	DTI3	88.60	GZ3	68.60	GR3	83.71
DD4	80.83	DT4	91.81	DTI4	88.90	GZ4	70.36	GR4	88.50
DD5	79.06	DT5	91.59	DTI5	88.73	GZ5	66.96	GR5	86.23
DD6	81.98	DT6	91.92	DTI6	88.96	GZ6	72.64	GR6	90.06
DD7	90.95	DT7	95.17	DTI7	91.06	GZ7	90.50	GR7	77.86
DD8	92.69	DT8	96.67	DTI8	91.57	GZ8	93.05	GR8	81.28
DD9	91.14	DT9	95.74	DTI9	91.31	GZ9	90.50	GR9	78.31
DD10	89.78	DT10	92.58	DTI10	90.55	GZ10	89.73	GR10	73.20

根据上述评估结果进一步得出各分系统评估值的最大值、平均值、最小值、标准偏差值和区间宽度值,如表 8.7 所列,并对评估结果做如下分析:

表 8.7　10 枚导弹评估结果总结分析

	导　弹	弹　头	弹　体	惯性组合	干扰装置
最大值	92.69	96.67	91.57	93.05	90.06
平均值	85.15	93.08	89.77	79.21	82.46
最小值	78.52	90.68	88.60	66.87	73.20
标准偏差值	5.68	2.03	1.21	11.09	5.45
区间跨度值	14.17	5.99	2.97	26.19	16.86

（1）导弹评估结果分析。导弹评估值分布跨度比较大,分布区间为[78.52,92.68],平均值为85.15。

（2）同级指标分系统比较。

① 评估值按照由高到低排列:弹头、弹体、干扰装置、惯性组合;

② 稳定性按照由好到差排列(参考标准偏差值):弹体、弹头、干扰装置、惯性组合;

③ 评估值分布离散程度分布(参考评估值和跨度值)按照由好到差:弹头、弹体、干扰装置、惯性组合。

（3）3 个子系统(弹头、惯性组合、干扰装置)比较。

① 评估值按照由高到低排列:弹头、干扰装置、惯性组合;

② 子系统稳定性按照由好到差排列(参考标准偏差值):弹头、干扰装置、惯性组合;

③ 评估值分布离散程度分布(参考评估值和跨度值)按照由好到差:弹头、干扰装置、惯性组合。

同理,可对其他单机子系统评估值进行比较,受篇幅限制,在此不再逐一叙述。

8.2.2　同一批次导弹质量状态分析

同一批次比较,就是对相同出厂日期,隶属于同一批次的导弹进行评估比较。以某批导弹为例进行比较,其质量状态分析的主要内容包括:

（1）对各个子系统之间进行横向比较。比较各个子系统的平均值和标准偏差,可以看出各个子系统的评估值整体分布及稳定性情况,该型号导弹各个子系统评估结果比较,如图 8.3 所示。

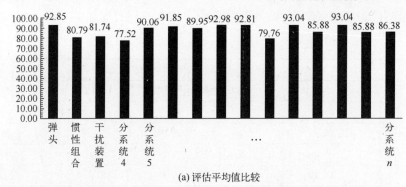

(a) 评估平均值比较

(b) 稳定性比较

图 8.3　各个子系统评估结果比较

　　通过对各个子系统横向比较得出:平均评估值最高的子系统是分系统 11 和分系统 13,分别为 93.04,平均评估值最低的系统是分系统 4 和分系统 10;稳定性最好的系统是分系统 8,标准偏差为 0.32,稳定性最差的系统是干扰装置和分系统 5,标准偏差分别为 11.29 和 10.91。可根据评估结果进一步查找各个系统的具体评估值,为维修或更换提供参考。

　　(2) 对同批次导弹的逐年评估结果进行比较,判断出导弹性能质量状态的整体走向。

　　① 导弹的逐年评估结果的包络走势,如图 8.4 所示。

　　② 进一步提出包络数据中的最大值、最小值、中间值,三者都呈下降趋势,如图 8.5 所示。

　　③ 根据当前评估值(第 7 年)实时掌握该批导弹性能质量状态分布情况,如图 8.6 所示。

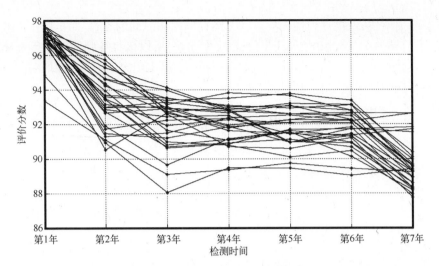

图 8.4 某批次导弹评估结果包络走势

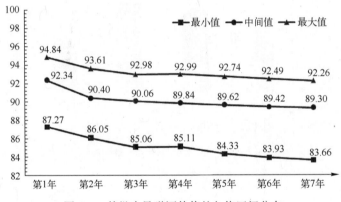

图 8.5 某批次导弹评估值的包络区间分布

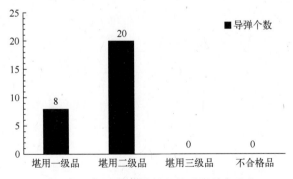

图 8.6 某批次导弹当前性能质量状态分布

综上所述,该批导弹性能质量状态随存储使用时间的延长,而呈逐年下降趋势,当前导弹状态有 20 枚处于良好,8 枚为优秀,所以该批导弹能够用于部队作战与值勤,可根据评估结果进一步对每一枚导弹进行比较,有针对性地对部分评估值较低的导弹提出整修意见。

8.2.3 不同批次导弹质量状态比较

进行导弹批次间比较,可以实现以下目的:

(1) 掌握该型号导弹整体变化规律,为制定作战训练、维修保养等工作提过参考。

(2) 参考图 8.7,比较找出不同批次导弹之间差别的原因,为后续导弹的改进升级提供技术依托,为部队对导弹管理维护提供技术支持。

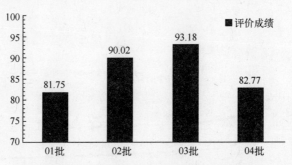

图 8.7　不同批次某型导弹评估结果分布

(3) 比较可有针对性地找出部件差别的原因,是生产质量的问题还是保养维护的问题。具体比较结果如表 8.8 所列。

表 8.8　不同批次某型导弹子系统之间评估值比较

子系统	01 批	02 批	03 批	04 批	最优批次
弹头	92.35	93.64	96.67	92.24	03 批
惯组	73.23	89.62	93.48	75.87	03 批
干扰装置	100.00	73.92	84.14	82.52	01 批
分系统 4	78.86	74.48	78.72	79.26	04 批
分系统 5	88.05	92.57	94.12	88.60	03 批
	91.39	93.20	94.54	90.89	03 批
	100.00	93.31	92.68	84.95	02 批
	92.84	92.72	92.85	93.20	04 批
	92.47	93.17	94.43	92.56	03 批

（续）

子系统	01 批	02 批	03 批	04 批	最优批次
	73.07	76.18	79.21	83.96	04 批
	90.15	93.09	93.94	93.68	03 批
	85.85	84.09	84.44	87.22	04 批
	90.15	93.09	93.94	93.68	03 批
分系统 n	85.85	84.09	84.44	87.22	04 批

通过比较可得出：03 批导弹性能质量状态最优，其次是 02 批，再次是 04 批，最后是 01 批；01 批最差主要因为存储使用时间较长，有可能需要进行大规模整修；04 批较差，需对照查找原因，对个别导弹进行整修，并将原因反馈给生产厂家；03 批和 02 批基本不需维修调整。

8.2.4 相同批次导弹不同单位之间比较

进行同一批导弹不同单位之间比较，可以实现以下目的：

（1）可宏观上判断出部队在使用管理上的差别。

（2）帮助部队更好地找出导弹武器使用管理工作的漏洞，缩小差距，并且有益于保证导弹长期具有良好的性能质量状态，对保持装备战斗力，延长导弹使用寿命，减少人力、物力、财力浪费等都起到帮助作用。

对单位 1 和单位 2 的同批导弹进行比较，主要比较导弹的平均评估值和稳定性，如图 8.8 所示。

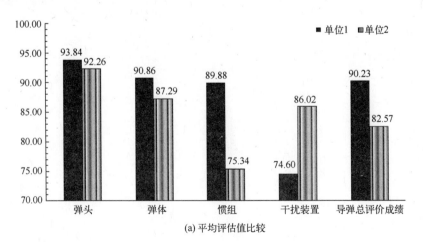

(a) 平均评估值比较

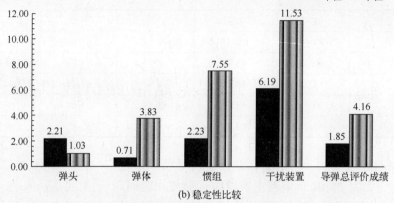

(b) 稳定性比较

图 8.8 某型导弹不同单位的评估结果比较

通过比较可得出:单位 1 导弹的性能质量状态明显优于单位 2;单位 2 可对照查找原因,并进行整改。

第9章　导弹装备性能质量评估软件设计

在面临日常繁杂的导弹装备管理工作中,要实现精细化管理,需要准确掌握导弹装备的质量状态。具体来讲,在基层部队导弹装备年检工作中,必须准确掌握和预测导弹装备从参数、单机、分系统到整弹系统、批量导弹的质量状态,从而更有针对性地制订装备采购、使用、维修等工作计划;在军事代表机构中,需要掌握和对比不同批次、型号导弹装备的质量状态,从而更好地保证导弹装备的生产质量;对导弹部队机关来讲,一方面需要整体把握导弹装备的质量状态,另一方面需要对比不同单位、不同批次的导弹装备的质量状态,分析总结不同地域、使用与储存环境等因素对导弹装备质量状态的影响,为导弹部队作战规划的调整、导弹装备质量的监督管理提供技术支持;对科研院所和院校来讲,发挥技术优势为机关、基层部队、军事代表机构导弹装备质量评估提供支持,进行导弹装备全寿命周期内的质量一体化分析,为导弹装备的更新换代以及新型号研制提供参考借鉴,都需要与这些单位交流装备质量信息、提供远程技术支持。

基于上述考虑,导弹装备全寿命质量评估通用平台软件要立足当前信息化时代的发展成果中,充分利用人工智能、信息融合、大数据分析等技术,建立一套科学合理的导弹装备质量评估体系,实现导弹装备质量的信息化、智能化评估。同时,软件在功能上必须满足两个核心要求:一是通用性要求,即满足不同型号导弹装备的质量评估和预测;二是全寿命要求,即实现与部队战斗力密切相关、装备使用管理联系紧密的生产、使用和整修阶段的导弹装备质量评估、预测。

导弹装备全寿命质量评估通用平台软件的主要任务是,通过开展导弹性能质量评估,立足生产、使用、整修单位的导弹质量数据,进行纵向深入分析,摸清质量规律,查找薄弱环节,在生产阶段来提高生产质量、在使用阶段提供决策质量数据、在整修阶段延续导弹使用寿命,为战时导弹装备作战规划的科学决策、平时精细化管理提供技术支撑。

针对导弹武器装备性能质量状态评估实施人为因素影响大,凭经验、速度慢难以适应装备精细化管理工作发展和装备作战运用需求等问题,运用系统工程理论及分析方法,基于面向对象的软件开发环境,建立一个适应导弹性能质量评估整体需求的可靠性高的智能化导弹性能质量综合评估信息化平台,实现导弹性能参数、单机、分系统、系统性能质量信息的综合管理、性能质量评估与预测、评估结果的统计分析等目标,为装备作战运用决策和精细化管理决策提供技术支持,进一步促进部队装备信息化建设。

9.1 软件系统设计思路

9.1.1 设计原则

在导弹装备全寿命质量评估通用平台软件的设计实现时,主要考虑以下原则:

(1) 准确性。准确性是设计导弹装备全寿命质量评估通用平台软件的根本原则,评估预测结果与导弹装备实际质量状态相符合,是该软件能否推广应用的根本标准。

(2) 安全性。由于该软件的数据和性能的保密需求,需要控制该软件的访问权限,只有被授权用户才能访问相应的系统功能。模型动态构建与管理和性能质量评估是软件的核心功能模块,只有具有高级权限的操作者才有权限访问该模块。

(3) 可交互性。软件在实现各模块功能的过程中,有时不能马上得出最终结果,很多时候会在使用过程中提示用户确认路径或输入新的事实,这时需要跟软件进行交互,以便它能够继续推理。比如在模型动态构建过程中,用户根据自身需要不断与软件交互才能构建出符合要求的模型。

(4) 可扩展性。随着导弹装备的更新换代以及历史数据的不断积累,该软件的评估模型、算法需要不断丰富,数据库要能够扩展。

(5) 界面友好。友好的用户界面能够使业务流程清晰、操作简便,合理的功能布局、美观大方的界面,容易让用户接受。软件开发过程中要考虑人们的使用习惯,从符合大多数人使用习惯的角度来开发友好的用户界面。

9.1.2 软件功能需求分析

在深入研究导弹装备质量评估理论和方法的基础上,结合国内外研究现状分析和对基层部队、军事代表机构、装备维修单位导弹装备使用管理现状的调研结果,导弹装备全寿命质量评估通用平台软件的功能功能需求主要体现在以下几个方面。

1. 海量质量信息管理功能需求

随着导弹部队导弹装备不断发展,更多型号、更多批次导弹装备部队。而每一枚导弹从研制、生产、现役使用到整修、退役报废等全寿命周期过程中,都会产生海量的质量数据信息,如导弹的测试信息,装备隶属、编号、批次等随装信息,日常管理、使用、储存、故障、维修等履历信息等,数据量庞大、种类多、结构各异、来源渠道多、不断更新,这些多源异构数据信息与导弹装备的质量状态密切相关,必须妥善收集、整理才能用于导弹装备性能质量状态的评估预测。但是目前,这些海量质量数据信息积累多、利用少,存储形式不一,既有纸质文档也有电子文档,电子文档格式多种多样,如 Word、Excel、Oracle 等,再者,数据尽管很多但分散管理,不同单位管理标准不一样,不便于整体分析,影响评估结果。因此,需要将这些质量信息按照统一的格式标准集成处理,一方面方便在对导弹装备质量状态评估时统一调用;另一方面能使不同单位导弹装备质量数据信息互联互通,便于整体研究分析,提高评估结果的可信性和准确性。

对导弹装备多源异构质量数据的集成处理,必然要考虑数据录入问题,质量数据录入方便与否是决定软件在部队使用实用性、生命力的重要因素之一。质量数据中的各类测试数据是导弹装备质量评估的重要信息来源,以往的评估工作表明:当评估算法、软件确定后,大量工作时间花费在测试数据录入方面,需要动用大量人力、花费大量时间整理数据,即使如此,还是经常存在许多错误,真正用于评估的时间并不多。

这种情况的存在也是造成以往一些单机评估软件难以在部队推广使用的主要原因之一。因此,针对目前部队管理和装备的现实情况,需要实现多种数据录入方式。

2. 性能质量评估预测功能需求

导弹装备是复杂武器系统,通常由数十个单机组成,涉及机械、机电、电子、软件、化学等众多技术领域,单机之间相互影响,每个单机又有数十个乃至上百个性能参数反映其质量状态。而对导弹装备质量的评估过程是,以性能参数的测量数据为主,并结合使用、储存、维修等信息对各单机质量状态进行评估,然后综合至分系统、整弹系统,因此准确评估掌握导弹装备质量状态比较困难,但对导弹部队作战运用与装备精细化管理来说又是迫切需要的。

作战运用方面:复杂导弹装备系统在战场上作为一种"撒手锏"武器,其作战效能发挥的好坏,在战场上影响巨大,甚至可以决定一场战争的胜负。而导弹装备性能质量状态与其作战效能息息相关。所以,导弹部队急需准确评估和掌握导弹装备的性能质量状态。导弹装备作为复杂武器系统,实施评估要从参数、单机、分系统到整弹系统分层评估,逐级综合,每一步都非常关键,都会影响整弹系统的评估结果。在作战发射时,部队不仅关注导弹的整体质量状态,根据导弹质量状态的好坏,用于打击不同价值的目标;而且关注导弹的关键参数、单机的质量状态,在导弹整体质量状态相差不大的时候,选取关键参数、单机质量状态较好的导弹用于作战。因此,准确评估导弹装备的性能质量状态是导弹部队作战运用所需求的。

装备管理方面:导弹装备的特点是"长期储存,定期检测,一次使用",因此,平时对导弹装备的精细化管理显得格外重要。在基层部队中,每年对导弹装备的参数、单机、分系统、整弹系统以及批量导弹进行检测,根据检测结果有针对性地制订装备的采购、使用、维修等工作计划,如果不能准确评估导弹装备的质量状态,必然会因工作计划制订不合理、时间节点把握不准确而导致大量人力、物力、财力的浪费,甚至会影响部队战斗力的形成。因此,准确评估导弹装备的性能质量状态也是装备精细化管理工作所需求的。

在评估导弹装备当前质量状态的基础上,若能够实现导弹装备质量状态的准确预测,对于导弹部队作战运用与装备精细化管理也有深远意义。

在大规模联合作战中,导弹部队必然面临大批量、高效率的作战方式,如果对导弹装备先测试评估再实施发射,那么在紧急时刻必将贻误战机,影响战略决胜。因此,准确预测导弹装备的质量状态,实现导弹装备的免测试发射,对导弹部队参加联合作战意义重大。

在日常装备管理中,对导弹装备质量状态进行 1~3 年的预测,一方面是部队年度预测的需要,为下一年度装备采购、维修、保养等工作计划的制定提供技术支持;另一方面也是部队装备建设五年规划中期调整的需要,为作战训练任务合理计划提供技术依据。

综上所述,对复杂导弹装备系统性能质量的准确评估预测是该软件要实现的功能。

3. 评估模型动态构建功能需求

对不同型号导弹装备寿命周期不同阶段的质量状态进行评估,因质量数据种类、数量及影响各不相同需要建立不同的评估模型。

对军事代表机构和装备承制单位来说,在研究影响导弹装备生产质量因素的基础上,需要建立生产阶段的评估模型,对导弹装备的质量状态进行评估以保证生产质量;对基层部队来说,不同单位装备使用不同型号的导弹,各单位在研究影响导弹使用质量因素的基础上,需要建立使用阶段的评估模型,对各自型号的导弹装备质量状态进行评估,以满足作战运用和装备精细化管理需要;对装备维修单位来说,不同单位负责维修不同的部件,各单位需要针对各自部件建立整修阶段的评估模型,通过准确评估各部件的质量状态以指导维修工作;对导弹部队机关、研究院、院校来说,更加关注不同型号导弹装备从生产、使用到整修阶段的一体化质量规律,所以需要研究建立对应于不同型号导弹装备寿命周期不同阶段的质量评估模型。

因此,软件需要实现导弹装备性能质量评估模型的动态构建,为不同型号导弹装备寿命周期不同阶段质量评估模型的构建提供柔性环境。

4. 质量大数据信息融合分析功能需求

准确评估导弹装备的性能质量状态是导弹部队要完成的关键工作,充分利用评估结果信息来指导打仗、保障装备管理同样具有重要意义。在未来大规模作战中，要实现大批量导弹的集群发射，必然要掌握大批量导弹装备的性能质量状态，同时根据不同的战略目标，实施不同程度的打击，这就需要对大批量导弹装备性能质量状态进行对比分析、趋势预测以及组合排序，让质量状态最优秀的导弹打击敌方重要目标或需要精确命中的目标，质量状态一般的导弹打击敌方的一般目标。

在日常管理中，通过对比分析同一单位、不同单位以及同批次、不同批次导弹装备的质量状态，找出储存环境、使用强度、维修次数等因素对导弹装备质量状态的影响程度，从而对导弹装备实施更精细化的管理。同时这种对不同单位导弹装备质量状态的分析，对实施异地发射也有很好的指导意义。

因此，质量大数据信息融合分析技术是本软件需要实现的功能。

5. 远程异地评估交流功能需求

导弹部队地域广、驻扎分散，总部机关、研究院、院校一般在城市，基层部队多在偏远地区，各单位之间不便于进行质量数据交换与沟通交流，但又迫切需要解决这些问题，具体体现在以下几点：

基层部队在对导弹装备测试评估或使用管理过程中遇到困难时，需要异地传送质量数据和评估结果，获取研究院、院校的帮助指导和技术支持；在总部机关对基层部队进行检查监督时，需要基层部队上报导弹装备的使用管理情况，方便机关对装备质量状态的整体把握和装备使用管理的总体规划；在基层友邻单位之间，除了平时需要沟通交流之外，遇有型号转隶调整时则需要将整个型号装备的质量数据移交，这些都是装备管理实际中需要解决的问题。

因此，支持远程异地评估交流是该软件需要实现的功能。

6. 系统安全管理功能需求

导弹装备全寿命质量评估通用平台软件存储不同单位、不同型号导弹装备海量的质量数据信息，且为保障作战而用，涉密程度之高，影响范围之广，不言而喻，可谓是导弹部队命脉所在。因此，保证数据的绝对安全是首要任务。另外，在部队装备管理实际中，上到技术负责人，下到战士，都会参与装备质量管理工作，职责分工不一，需要对各类人员进行权限分配，保证系统有序安全运行。

9.1.3 软件架构设计

为了使系统结构清晰、运行高速、便于后期维护扩展，软件架构采用分层架构，从结构层次上分为四层，分别是界面层、应用层、服务层和数据层。

界面层：即交互层，为用户提供系统访问的接口，通过 Web 浏览器接受用户的输入，并传递给 Web 服务器与后台数据库进行数据处理，并等待数据处理完毕，将回应返回给用户。导弹装备全寿命质量评估通用平台的界面层应该简洁美观、操作便捷，为使用者提供较好的操作体验。

应用层：也就是业务逻辑层，该层包含系统所需的所有功能算法和计算过程，并与服务层和界面层进行交互。该层通过调用服务层数据，处理导弹装备全寿命质量评估通用平台软件要实现的导弹装备质量信息管理、模型算法管理、模型动态构建与管理、性能质量评估、综合统计分析、系统管理等功能，并呈现到界面层。

服务层：是对数据层的抽象，应用层通过调用服务层提供的一系列操作，完成复杂的业务处理。服务层包括组件服务，数据存取、查询、统计、计算及显示等应用服务，并使应用层和数据层降低耦合度，为系统的扩展提供接口。

服务层相关业务接口包含导弹模型导入导出、导弹装备信息导入导出、IP定向传输与接收，为系统数据传输提供服务。

数据层：数据层提供了对数据库的访问，主要针对导弹装备全寿命质量评估通用平台的数据库进行数据导入、数据接入、数据校验和数据计算。

所设计的评估系统框架如图 9.1 所示。

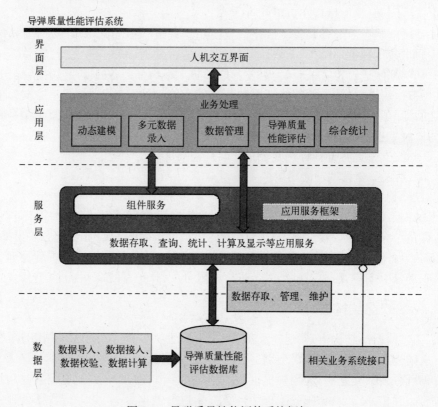

图 9.1 导弹质量性能评估系统框架

140

9.2 导弹装备质量数据库结构设计

针对导弹装备在研制、生产和整修延寿阶段影响其性能质量状态并且是可以获得的质量信息种类、性质,设计了集成处理导弹装备多源异构相关质量信息的数据库概念结构、逻辑结构和物理结构,要求既保证数据库的安全、规范,又兼具开放性,便于根据每个型号的特殊性增补相关信息。

9.2.1 系统用例图设计

依据软件需求分析,导弹装备全寿命质量评估通用平台软件共有六大功能模块,且子模块众多,相互关联。为更好分析系统组成,明确系统内部和系统外部的交互关系,完成系统用例图设计。

结合部队实际情况,将操作导弹装备全寿命质量评估通用平台软件的人员分为两类:一类是系统管理人员,一般可以是负责导弹装备管理的参谋,或者是技术负责人;另一类是普通操作人员,一般可以是专业较好的士官,或者是负责导弹装备管理的文职人员、技术室工程师。

系统管理人员主要负责指标体系构建、标准化模型管理、评估算法管理、模型动态构建与管理、设置权重、选取标准化模型、导弹性能质量评估、综合统计分析、系统管理等工作。

普通操作人员主要负责导弹装备质量信息管理、数据录入、导弹性能质量评估、综合统计分析等工作。

系统用例图设计如图 9.2 所示。

9.2.2 概念结构设计

在本系统中用户含管理员、战士、机关单位等使用人员,管理员负责系统中评估基础配置,战士、机关单位使用人员负责数据收集、统计分析、预测、基本信息维护等工作。用户实体图如图 9.3 所示。

9.2.3 逻辑结构设计

针对导弹装备在研制、生产、使用和整修阶段影响其性能质量状态的质量信息种类、性质,设计了集成处理导弹装备多源异构质量信息的数据库逻辑结构,要求既保证数据库的安全、规范,又兼具开放性,便于根据每个型号的特殊性增补相关信息。软件数据库逻辑结构设计如图 9.4 所示。

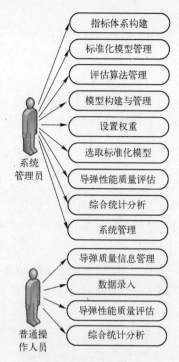

图 9.2　系统用例图设计

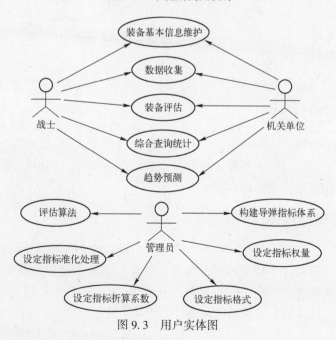

图 9.3　用户实体图

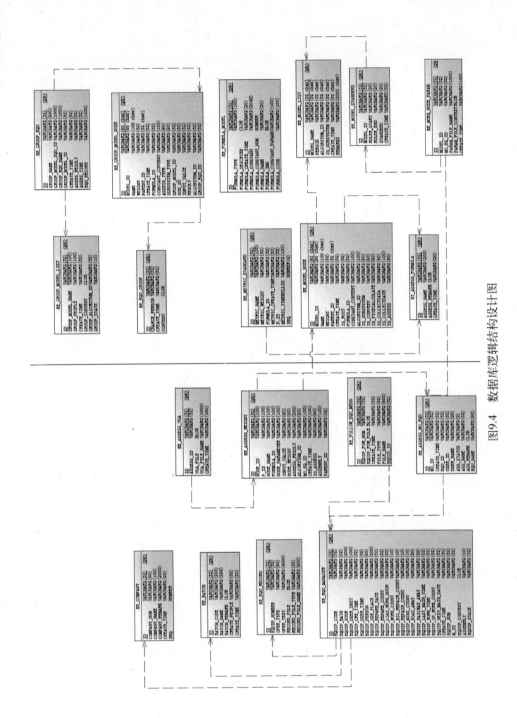

图9.4　数据库逻辑结构设计图

143

9.2.4　物理结构设计

设计了装备基本信息表、事故情况表、评估结果数据表、装备评估算法数据表、批次字典数据表、装备组合结果管理表、数据收集表、故障记录表、设备结构数据表、指标格式表、设备指标体系权重表、维护保养表、计量检定表、设备编号字典表、操作使用表、角色表、角色权限表、设备指标体标准化处理表、存储单位字典表、用户表、管理员角色表等数据库表格结构。

9.3　软件功能结构设计

根据前述的软件需求分析,结合部队装备管理工作实际,按照软件设计原则,最终将导弹装备全寿命质量评估通用平台软件的功能模块划分如下:导弹装备质量信息管理、模型算法管理、模型动态构建与管理、性能质量评估、综合统计分析和系统管理。软件功能组成结构如图 9.5 所示。

9.3.1　导弹装备质量信息管理功能设计

导弹装备从研制、生产、使用、维修到退役报废等全寿命周期过程中会产生海量的质量信息,为方便管理,将其分为单位信息、型号信息、批次信息、测试信息、随装信息和履历信息等,在该模块中实现各类信息的添加、删除、修改、查询、导入、导出以及数据录入等操作功能。

根据导弹装备海量质量信息管理功能需求分析,设计的数据录入方式包括人工手动录入、速录笔录入、标准化格式文件录入和 VGA 录入等。对于少量遗漏的、需要修改的数据采取人工手动录入比较方便;对于存在于书本等纸质版的数据速录笔录入比较高效;对于计算机上存储的批量格式文件数据采用标准化格式文件录入;针对老旧型号导弹测控装备输出测试数据只有打印机,为更方便、迅速获取数据,采用 VGA 显示捕捉与分析技术录入。

标准化的格式导入可以作为系统数据信息的主要来源方式之一。有权限的用户可以对导弹性能参数信息标准格式文件进行直接批量导入(用户可以根据协议将现有数据整理成结构化的 Excel 文件,系统提供导入接口,用户直接选取 Excel 文件进行导入,将导弹、各子系统的数据信息存储到数据库中进行统一管理、利用)。文件导入时系统实现自动过滤去重操作,并且具有一定的错误识别能力,根据错误问题给出相应的提示。数据导入时自动记录数据的导入时间,按照导入时间顺序以倒叙的方式在列表中显示。

手动录入/修改方式,主要支持新增导弹性能参数数据信息的录入和已录入

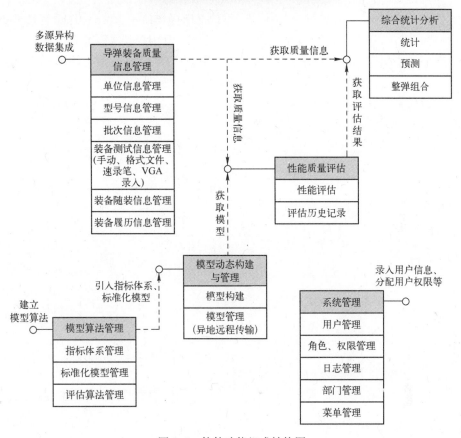

图 9.5　软件功能组成结构图

参数信息的修改完善功能,即无法批量导入的参数信息可以通过手动录入进行完善。

9.3.2　模型算法管理功能设计

导弹装备属于复杂的武器系统,包括参数、单机、分系统和整弹系统,完成导弹装备性能质量评估需要三个要素:完整的评价指标体系(包括各指标权重)、对应的标准化处理模型以及评估算法。为方便模型动态构建以及性能评估,在该软件中应当有一个模块专门管理和维护这三个要素,并在构建导弹模型和对导弹装备性能质量评估时直接关联使用。

145

1. 指标体系管理

部队对导弹的实际测试是按照单机、分系统、综合测试的顺序进行,因此,指标体系的建立,通常以单机为基础。为方便部队操作使用,在指标体系管理模块中,要实现单机的自由构建、伸缩、定级,并能够与其他模块关联使用。指标体系管理模块中构建的单机模型相当于公共资源,在后续导弹模型构建中要能够直接调用。指标体系管理界面示意图如图9.6所示。

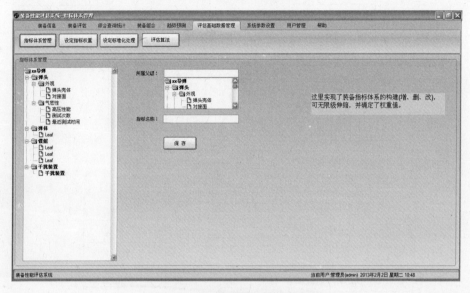

图9.6 指标体系管理界面示意图

指标权重确定是科学评价导弹质量性能的前提,权重的合理与否直接关系到评价结果的准确性。

根据制定的指标体系层次关系,分别设置相应的权重值。系统应提供对各层结构的权重动态分配的功能,用户可以灵活地配置各层的权重值,如图9.7所示。

2. 标准化模型管理

由于采集的数据性质和种类的差异性,各个指标的单位不同、量纲不同、数量级不同,不便于分析,甚至会影响评估结果。因此,为统一标准,首先要对所有评估指标进行标准化处理,将其转化成无量纲、无数量级差别的标准值,然后再进行分析评估。所以,需要建立标准化模型管理模块,实现标准化模型的自由添加、修改、删除,并与其他模块关联使用。

指标标准化处理配置界面示意图如图9.8所示。

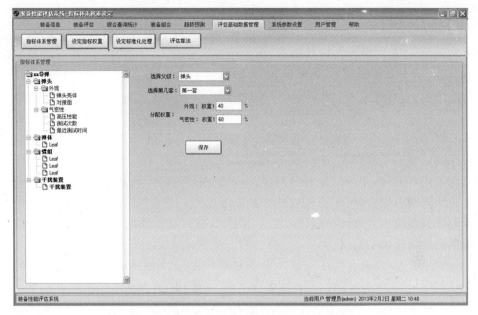

图 9.7　导弹评估指标体系权重配置界面示意图

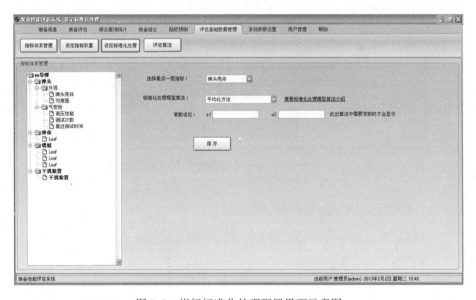

图 9.8　指标标准化处理配置界面示意图

3. 评估算法管理

评估算法是导弹评估指标各类信息数据及其权重的综合处理方法。根据评

147

估预测的对象、目的及其利用的信息数据,分别研究了性能参数、单机、系统等不同层次的评估预测方法,如测试参数"五性"模型、各类定性参数量化模型、寿命老化模型、惯组系数逻辑评估模型、加权和评估模型、TOPSIS模型、模糊综合评判、Petri网、DS证据理论、灰色预测、神经网络等模型算法,这些算法不仅要求构建准确,而且要求在软件开发中正确地编程实现,从而支撑整个评估软件的运行。对于导弹这类复杂的武器系统,单机、分系统、整弹系统评估的实质问题并不一样,为了使评估结果更接近实际,通常要采取不同的评估算法。对于单机、分系统通常采用加权和、加权积、模糊综合评价等方法,对于整弹系统、批量导弹通常采用TOPSIS、Petri网、神经网络、D-S证据理论等方法。因此,需要建立评估算法管理模块,实现评估算法的任意添加、修改、删除,并与其他模块关联使用。在该模块中,只需添加名称、算法描述,具体算法步骤的嵌入需要在导弹性能质量评估模块中实现。

软件开发中,通过确认模型算法、算法模块化、实装数据验证、与性能质量数据联调等措施,保证评估模型算法编程准确,支撑软件系统的正常运行。

每种算法均有参数需预先输入、配置。软件系统提供了对导弹评估算法参数的配置、修改的功能。以模糊综合评判算法为例,需输入评判界限的最小值和最大值,算法参数配置页面如图9.9所示。

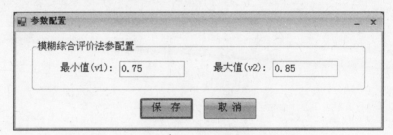

图9.9 算法参数配置页面

9.3.3 模型动态构建与管理功能设计

模型动态构建与管理功能需要实现不同型号导弹装备寿命周期不同阶段性能质量评估模型的构建,以及对构建好的导弹装备评估模型信息进行管理。军事代表机构、基层部队、装备维修单位等生产、使用、整修单位可以根据单位自身需求任意构建导弹装备性能质量评估模型,也可以从事先配置好的模型库里直接调取,并实现添加、修改和删除等功能,同时对所构建评估模型按型号进行管理。

9.3.4 性能质量评估功能设计

导弹性能质量评估是该软件的核心功能,能否准确评估导弹性能质量状态,关乎软件开发成功与否。该模块主要包括两个子模块:性能评估以及评估历史记录。JP

1. 性能评估

导弹装备性能质量评估的整体思路是,以性能参数测试信息为主,结合使用、储存、维修等过程信息对单机质量状态进行评估,再综合至分系统、整弹系统。在该软件中,导弹装备性能质量评估的流程按照确定评估模型、确定评估装备、确定权重算法、进行质量评估的顺序进行。

系统性能评估实现流程主要是,通过选择弹头、弹体等关键分系统组合构建待评估的导弹,确定评估的各单机子系统及其性能指标体系,分析计算各指标之间的关联度,得出指标权重矩阵,利用各指标标准化处理后无量纲值进行加权、模糊、Petri 网、神经网络等评估预测计算,最后得出导弹性能评估值,从而实现导弹性能质量状态排序、分类,包括手动评估和自动评估两种途径。

导弹质量性能评估界面如图 9.10 所示。

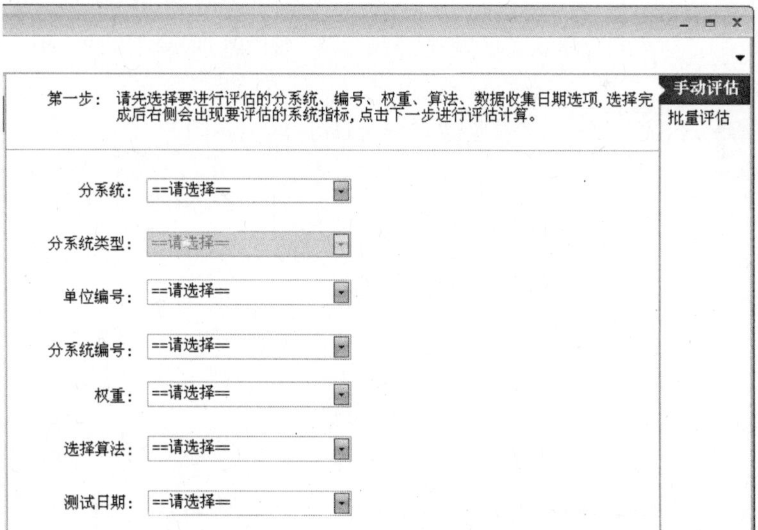

图 9.10　导弹质量性能评估界面

2. 评估历史记录

为方便评估记录查询与统计,更好地掌握导弹装备质量状态,应建立评估历史记录模块,记录评估时间、评估人、评估的导弹装备、评估方法和评估结果等信息,并支持评估历史记录的导出。同时,使用人员可以通过选择单位、型号、批次等信息实现对导弹装备评估结果的查询和比较。

一枚导弹评估完毕后,从性能参数、单机、分系统、整弹均应可查阅评估结果。评估结果管理方便用户查看评估历史信息,主要实现查询及删除等功能。

9.3.5 综合统计分析功能设计

综合统计是通过同时选择多个旅、多个批次、多个导弹对其进行单个或多个参数进行综合比较分析的模块,用户可以通过指定统计的时间区间和统计的图形形式对多发导弹进行统计。统计显示形式有饼图、柱状图、折线图,统计分析的数据均来源于数据库。根据质量大数据信息融合分析的功能需求,将综合统计分析模块设计为三个功能,分别是统计、预测、整弹组合。

1. 统计

实现对以往评估结果的统计分析,包括统计参数、统计单机、统计分系统、统计整弹系统、统计同一单位、统计同批次、统计不同批次等,要求能够浮标显示,直观看出导弹装备性能质量状态的变化,为装备精细化管理提供帮助。用户可以通过指定统计的指标选择对导弹各类信息进行统计,统计显示形式有饼图、柱状图、折线图,统计分析的数据均来源于数据库,统计界面示意图如图 9.11 所示。

2. 预测

在前期理论研究中,实现了三种预测方法用于导弹性能质量预测:一是灰色加权预测;二是支持向量机预测;三是基于灰色理论与神经网络的预测。

在预测模块中,需要将三种预测方法嵌入到软件中,实现导弹装备性能质量 1~3 年的预测。

趋势预测分析可采用数据联合图/表的方式对导弹信息从纵向、横向进行直观、便捷地统计与趋势预测,如图 9.12 所示。

3. 整弹组合

考虑到部队对导弹装备实际上是分开存放、分开测试,待实弹发射时再组合成整弹系统,因此,建立整弹组合功能模块,实现各分系统的组合优化排序。同时,不需要或组合不合适时,还可解除组合。

整弹系统质量度量是指日常以各个部件独立存放,各部件独立进行质量度量评价。在使用时,对各部件进行组合,形成新的整弹系统,然后对新组成的整弹系统质量进行重新拆分和度量。

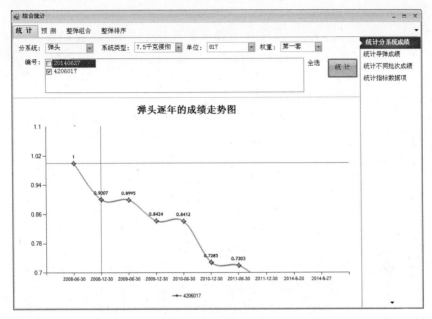

图 9.11 导弹分系统评估成绩统计界面示意图

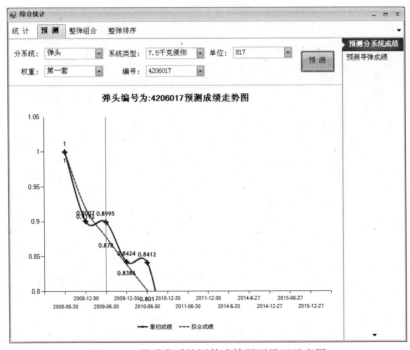

图 9.12 导弹分系统评估成绩预测界面示意图

具体的处理逻辑主要设计如下：

①对"符合要求"的正在组合的整弹系统,则进一步确认,确实需要,则将其存入复合体数据库数据中,同时将组合的各部件从组合前的源数据库中撤除；②对于"不符合要求"或"符合要求"但是打算放弃的正在组合的整弹系统,则"解除组合",将对应的单独组合部件放回原来的单独部件数据库中；③对于已经组合好的整弹系统数据库中,某个整弹系统也可以根据需要"解除组合",从而把该"解除组合"的整弹系统解体成单独独立部件,并将各单独独立部件存放回对应的独立部件数据库中。

9.3.6 系统管理功能设计

根据系统安全管理功能需求以及软件操作管理需要,将系统管理模块分为用户管理、角色与权限管理、日志管理、备份恢复等。

1. 用户管理

用户管理模块是一个动态维护系统内全部用户信息的模块,其主要功能是系统管理员对系统的用户进行增加、删除、修改、查询等操作。其中修改包括两个方面：一方面是修改用户的个人信息如基本信息、工作部门等信息；另一方面是修改用户在系统中的权限,从而改变用户在系统内可访问的范围。

在系统中用户可大致分为超级用户、普通用户两类,超级用户是指在系统中拥有至高无上的权限,它可以使用系统中所有的功能、可以删除以及设置其他用户的权限,但其他用户没有删除它的权限,例如,在部队中主要负责评估工作参谋、旅长等相关人员。普通用户在系统中可以拥有多种角色,当几个用户共同完成一个任务时,系统管理员可以将他们集中到一个称为"角色"的单元中,例如,在部队中负责数据采集战士、文职等相关人员。

用户管理模块记录用户的名称、密码、所属角色、状态、军衔、工作单位、最后一次登录时间、最后一次登录 IP、登录次数以及选项设置等参数,界面示意图如图 9.13、图 9.14 所示。

管理员管理 ⊠						
» 后台管理 » 用户管理 » 管理员管理						
全部 一个月未修改密码的 24小时登录的 锁定的 允许多人登录的						
	ID	管理员名	所属角色	多人登录	最后登录IP 最后登录时间	上次修改密码时间	登录次数	管理员状态
▼	1	Admin	超级管理员	允许	127.0.0.1 2013-01-08 09:50:28	未修改过	34	正常
共 1 条记录 首页 上一页 下一页 尾页 页次:1/1页 20 条记录/页 转到第 1 ✓ 页						

图 9.13 用户管理列表界面示意图

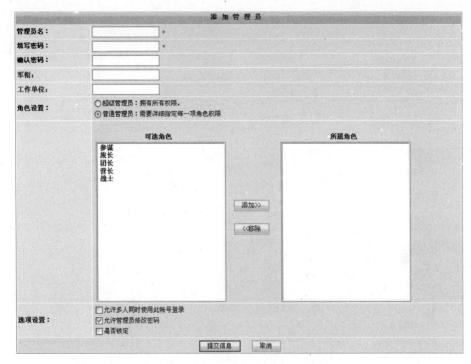

图 9.14　用户创建、修改界面示意图

2. 角色与权限管理

当几个用户共同完成一个任务时，系统管理员可以将他们集中到一个称为"角色"的单元中，并且给指定的角色分配权限。在该模块中，系统管理员可以创建、修改以及删除角色。角色和用户是隶属关系，是多对多的关系，一个角色中可以包含多个用户，而一个用户又可以属于多个角色。

在角色权限分配模块中，系统管理员将给指定的角色分配权限。系统中角色权限分配主要包括两类：一类是操作权限；另一类是数据权限。

操作权限：系统按层次以树形目录方式对操作权限进行管理。模块级菜单项划分为多级，用户只需对各功能模块及功能点权限进行配置，系统自动根据用户配置推导其上级业务菜单权限，当判定用户无法访问某个模块下的所有功能点时，该用户的操作页面上将隐藏这个该模块。当某个模块的子模块都无法访问的时候，该模块将自动隐藏。

数据权限：系统实现对数据权限进行有效管理控制，对于属于特定业务范围的数据，需要严格控制在访问范围内。系统在数据访问层实现全方位、多角度的控制机制，可对数据权限进行集中配置，便于修改以快速根据需求变化；又能对

153

某些个性权限需求增加特殊的约束条件,以足够的灵活性保证数据权限管理的全面性及可用性,确保每次访问的数据都在授权范围内,从底层杜绝数据的越权访问。系统对角色动态分配权限完成后,当角色被分配了某些模块的操作权限,而用户又隶属于该角色,那么用户就会继承该角色的模块权限,如果用户拥有多个角色,用户将继承拥有最高权限的角色。角色与权限管理的界面示意图如图 9. 15、图 9. 16 所示。

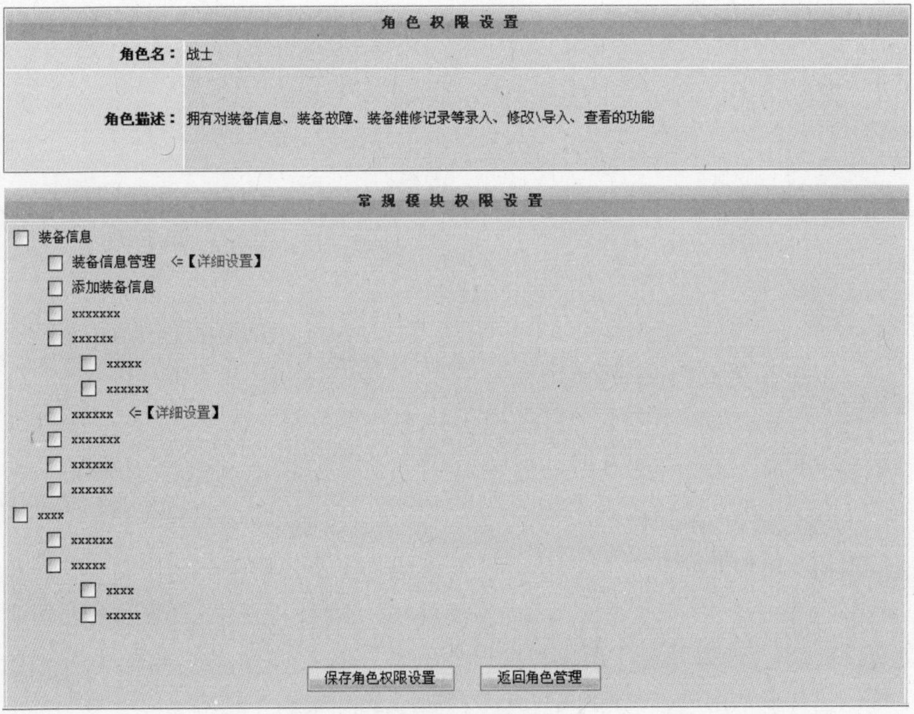

图 9. 15　角色配置权限界面示意图

图 9. 16　角色管理列表界面示意图

3. 日志管理

日志管理模块是对系统内全部的操作进行记录,记录内容包括进行操作的

154

用户、其使用的系统终端、具体的操作内容，以及操作过程中输入的信息，以便在必要时可以查阅到具体信息的提交及处理人员，方便查找相应的操作人、操作功能等。日志管理模块实现的主要功能如下所述：

（1）日志记录。自动记录系统用户的操作记录，包括登录名、机器名、登录时间、退出时间、操作内容等信息，并能汇总。

（2）日志管理。日志文件默认的保存日期是一年，并可根据需要调整日志的保存时间，支持以 Excel 表格形式导出进行归档。

（3）日志查询。可按照登录名、机器名、登录时间、退出时间、操作内容等信息进行日志查询。

（4）日志过滤。按照涉密信息系统分级保护的要求，不同的管理员只能查看其权限范围内的日志文件。

4. 备份恢复

针对本系统中数据库系统的基础保障，系统的备份与恢复策略也是非常重要的。系统应支持数据库备份操作，实现方式有自动备份和手动备份两种。

（1）自动备份。数据库可以在服务器上按照设定的时间进行自动备份，根据用户所建立的表、视图、序列等备份。

（2）手动备份。针对自动备份的弱点，本系统提供手动备份策略，即系统维护员可以将服务器上的数据库备份到指定的其他服务器上。备份服务器必须与操作的计算机和服务器同在一个网络中，而且操作备份的计算机需要安装 Oracle 客户端才能执行远程执行命令。

数据库恢复就是将备份文件进行恢复的操作，以便于找回丢失的数据等。数据库恢复包括两种方式：一种是完全恢复，如果导出（Export）时实施的是完全型方案（FULL），则在导入（IMPORT）时导出所有的数据对象（包括表空间、数据文件），用户都会在导入时创建；另一种是根据设置好的表空间、用户、数据文件执行，导出使用 Incremental/Cumulative 方式。

9.4　软件实现解决的关键问题

9.4.1　软件编程技术

系统采用泛型技术来提高代码运行性能和更好质量的代码，泛型技术可以不必用真实的数据类型就可以定义一个类型安全的数据结构或者一个工具帮助类。这样可以重用数据处理算法而无须复制与类型相关的代码。泛型与 C++

的模板很相似,但是它们在实现上和能力上是截然不同的。

系统对泛型进行了广泛的运用以提高代码的总体执行效率和代码复用。系统各个数据查询模块都进行了泛型的应用。

9.4.2　多源异构数据集成

软件系统需要的性能质量数据有多种采集方式,如利用条码技术或射频识别(Radio Frequency Identification, RFID) 技术实现数据采集、利用测控设备(各种数字化量仪等) 实现数据采集、通过信息网络从其他系统获得的数据,以及手工采集数据等。这使得性能质量数据的种类各种各样,形式千变万化,存储于多种数据库和文件中,如 SQL Server 数据库、Oracle 数据库、XML 文件、Excel 文件和 .txt 文件等。进行评估时利用这些质量数据信息,就不得不花费大量的时间和精力从大量异构数据中查询需要的数据,并对这些孤立的数据进行整合、处理,这不仅给用户带来极大的不便,而且可能会造成数据缺失、数据更新不及时,直接影响评估过程。实现多源异构质量数据的集成是评估软件系统必须解决的问题。

质量数据异构主要体现在如下几个方面:

(1) 质量数据来源异构。评估中性能质量数据主要来源于条码技术或RFID 技术、先进的测量设备(各种数字化量仪等)、其他系统,以及手工采集等。

(2) 质量数据存储格式异构。评估中的性能质量数据有多种存储格式,主要包括纸质文件、XML 文件、.txt 文件、Excel 文件以及关系型数据库等,不同的数据存储格式需要不同的数据访问技术,因此增加了质量数据集成的难度。

(3) 质量数据语义异构。不同质量数据源中的相同数据在含义、描述和取值范围等方面不同,主要包括属性命名冲突、属性域冲突,以及结构冲突等。

多源异构质量数据集成总体方案逻辑结构如图 9.17 所示。

基于对评估中多源异构质量数据的分析,建立了对源数据(质量数据) 进行访问的数据接口,通过映像驱动数据抽取、转换和加载(ETL) 技术进行数据转换、数据抽取以及数据加载。由于进行一次 ETL 并不能确保得到目标数据,因此建立临时存储区使源数据进行一次 ETL 后先存入临时存储区,再经过第二次 ETL 把数据加载至目标数据库,实现多源异构质量数据的集成,奠定导弹性能质量评估的基础。

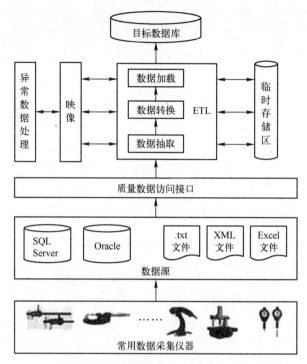

图 9.17 多源异构质量数据集成总体方案逻辑结构图

9.4.3 评估模型算法实现

评估模型算法是软件系统的核心,正确地编程实现是软件开发成功与否的标志,关系到评估预测结果的准确性。软件系统用到的评估模型算法众多,在理论研究、实装数据验证的基础上,通过模块化编程、嵌入系统、联通数据库、实装数据再次验证保证其编程的正确实现,从而支撑评估软件系统的正常运行。

9.4.4 评估结果信息利用

评估预测结果信息有效地支持装备作战运用与精细化管理决策是本软件系统的目的,因此软件开发中评估预测结果展示的种类、形式与查询界面的友好性是编程实现的重点问题之一。深入部队调查装备作战运用与精细化管理决策所需求的信息种类,编程实现需求信息的有效提取、直观形象的显示方式以及查询界面的友好设计,到部队试用、听取意见进一步改进、完善,从而在软件系统实现评估结果信息的高效利用。

参 考 文 献

[1] Kobayash J,Asaka H,Mitsui H,et al. Expert Sytem with Fuzzy Clustering Method for Diagnosis on Life Time of Transformers[K]. Electrical Insulation and Dielectric Phenomena,1992.

[2] Mohammadi M,Gharehpetian G B. Brief paper：On-line Voltage Security Assessment of Power Systems Using Core Vector Machines[J]. Engineering Applications of Artificial Intelligence,2009,22(4-5):695-701.

[3] Gorgan B,Notingher P V. Calculation of the Remaining Lifetime of Power Transformers Paper Insulation[C]. Optimization of Electrical and Electronic Equipment,2012 13th International Conference on,2012.

[4] Kim H E,Tan A C C,Mathew J,et al. Bearing Fault Prognosis Based on Health State Probability Estimation[J]. Expert Systems with Applications,2012,29(5):5200-5213.

[5] Zaidan M A,Andrew R M,Robert F H. Bayesian Framework for Aerospace Gas Turbine Engine Prognostics[C]. In Proceedings of the Aerospace Conference,Big Sky,2013,1-8.

[6] Sparis P,Vachtsevanos G. A Helicopter Planetary Gear Carrier Plate Crack Analysis and Feature Extraction based on Ground and Aircraft Tests[C]. Proceedings of the 2005 IEEE International Symposium on Intelligent Control. Limasso,Cyprus,June,2005:27-29.

[7] HESS A,FILA L. The JSF PHM Concept：Potential Impact on Aging Aircraft Problems[J]. Proceedings of IEEE,2002,6: 302-3026.

[8] 周堃,罗天元,张伦武. 弹箭贮存寿命预测预报技术综述[J]. 装备环境工程,2005,2(2): 6-11.

[9] 吴波,贾希胜,夏良华. 基于灰色聚类和模糊综合评判的装备——装备群健康状态评估[J]. 军械工程学院学报,2009,21(5):1-5.

[10] 张书君,赵建忠,刘勇,等. 基于关键控制点装备质量模糊综合评估[J]. 精密制造与自动化,2016(2):1-4,10.

[11] 余鹏,吕建伟,刘中华. 舰船装备健康状态评估及其应用研究[J]. 中国修船,2010,23(6):47-50.

[12] 姚云峰,伍逸夫,冯玉光,等. 装备健康状态评估方法研究[J]. 现代防御技术,2012,40(5):156-161.

[13] 丛林虎,徐廷学,荀凯. 基于D-S证据理论的导弹制导控制系统的联合最小二乘支持向量机预测模型[J]. 兵工学报,2015,36(8):1466-1472.

[14] 郝东,赵建忠,张书君,等.基于贝叶斯理论的武器装备质量评估方法研究[J].装备环境工程,2016(4):168-175.

[15] 陈帝江,张红旗,张祥祥.雷达装备质量数据分析与评估方法研究[J].机械与电子,2014(12):3-7.

[16] 黄建军,杨江平,房子成.基于AHP和模糊评判的雷达系统状态综合评价[J].现代雷达,2011,33(3):12-16.

[17] 姜云耀,刘志国,王仕成.导弹控制系统质量评估方法研究[J].电子设计工程,2014,22(4):71-74.

[18] 李俊,孟涛,张立新,等.基于粗糙集规则提取的导弹武器质量性能评估方法研究[J].兵工学报,2013,34(12):1529-1535.

[19] 倪小刚,曹菲.最优权系数组合赋权在导弹质量评估中的应用[J].长春理工大学学报(自然科学版),2011,34(4):140-144.

[20] 李伟.电力变压器健康状态评估与剩余寿命分析[D].北京:华北电力大学,2004.

[21] 黄建军,杨江平,房子成.基于AHP和模糊评判的雷达系统状态综合评估[J].现代雷达,2011,33(3):12-16.

[22] 吴波,贾希胜,夏良华.基于灰色聚类和模糊综合评判的装备——装备群健康状态评估[J].军械工程学院学报,2009,21(5):2-5.

[23] 陈雁,杨昌举,李旭东,等.通用油料装备质量分级研究[J].后勤工程学院学报,2004,(2):86-87.

[24] 刘伟,杨世荣,李小强.地地导弹质量评估方法研究[J].弹箭与致导学报,2006,26(2):35-37.

[25] 张永久,李立军,吴朝军.导弹质量性能评估方法研究[J].弹箭与制导学报,2008,28(2):256-258.

[26] 张永久,成跃,张立新.某型号导弹评估方法研究[J].航空兵器,2007,10(5):57-59.

[27] 李恩友.导弹质量评估方法研究[J].弹箭与制导学报,2008,28(4):79-82.

[28] 罗朝强.基于测试数据的导弹故障诊断方法及软件[D].杭州:浙江大学,2008.

[29] 袁勋平,余滨.基于测试数据的导弹武器质量综合评估方法[J].四川兵工学报,2008,29(2):53-56.

[30] 杜栋,庞庆华.现代综合评估方法及案例精选[M].北京:清华大学出版社,2005.

[31] 中国人民解放军总装备部通用保障部.通用雷达装备质量监控要求:GJB 4384—2002[S].北京:中国人民解放军总装备部,2002.

[32] 中国人民解放军总装备部通用保障部.武器装备维修质量评定要求和方法:GJB 4386—2002[S].北京:中国人民解放军总装备部,2002.

[33] 中国人民解放军第二炮兵.地地导弹部队作战保障装备退役报废标准:GJB 6288—2008[S].北京:中国人民解放军总装备部,2008.

[34] 李久祥,刘春和.导弹贮存可靠性设计应用技术[M].北京:海潮出版社,2001.

[35] 代海飞. 某型号导弹装备性能质量状态评价与预测[D]. 西安:第二炮兵工程学院,2013.

[36] 肖志成. 某型战略导弹弹体健康状态评估方法研究[D]. 西安:第二炮兵工程学院,2011.

[37] 孙潮. 复杂导弹武器系统性能质量状态评估与预测方法研究[D]. 西安:火箭军工程大学,2016.

[38] 黄睿. 导弹装备全寿命质量评估通用平台软件设计与实现[D]. 西安:火箭军工程大学,2018.